Repetitorium für den Hochbau

1. Graphostatik und Festigkeitslehre. 2. Statik der Hochbaukonstruktionen. 3. Grundzüge des Eisenhochbaues

1. Heft

Graphostatik und Festigkeitslehre

Für den Gebrauch an Technischen Hochschulen und in der Praxis

von

Dr.-Ing. E. h. Max Foerster

Geheimer Hofrat, ord. Professor für Bauingenieurwissenschaften
an der Technischen Hochschule Dresden

Mit 146 Textfiguren

Springer-Verlag Berlin Heidelberg GmbH

1919

ISBN 978-3-662-42705-7   ISBN 978-3-662-42982-2 (eBook)
DOI 10.1007/978-3-662-42982-2

Vorwort.

In den Kreisen der akademisch gebildeten Architekten verschafft
sich immer mehr und mehr das Bestreben Geltung, alle die für den
Hochbauer erforderlichen wissenschaftlichen Vorkenntnisse, auf denen
sich die konstruktive Gestaltung seiner Bauten gründet, ihm in zu-
sammengefaßter Form, aber doch mit wissenschaftlicher Vertiefung zu
bieten, um einen möglichst großen Teil der Ausbildungszeit für die
eigentlichen Aufgaben der künstlerischen Entwicklung und Durch-
bildung zur Verfügung stellen zu können. Überblickt man unter diesem
Gesichtspunkte die für das Studium der Architekten vorhandenen, viel-
gestaltigen Lehrbücher, aus denen er die notwendigen Kenntnisse
aus den Gebieten: Festigkeitslehre, Statik der Hochbaukonstruktionen
und Eisenbau entnehmen kann, so wird man sich der Erkenntnis nicht
entziehen können, daß trotz dem Vielen und oft Wertvollen, was hier
geboten wird, doch eigentlich noch ein Lehrbuch fehlt, das einmal
in gedrängter Kürze sich freihält von allen den theoretischen Be-
handlungen, die dem Studium und Anwendungsgebiete des In-
genieurs angehören, zum andern sich ausschließlich an die Be-
dürfnisse des Hochbaus wendet, hierbei aber auf einer höheren
wissenschaftlichen Warte steht als die — für ihren Sonderzweck recht
brauchbaren — Werke des Baugewerkschulunterrichtes. Diesen in
langjähriger akademischer Lehrtätigkeit selbst empfundenen und oft
von den Studierenden bitter beklagten Mangel abzustellen, sollen die
drei unter dem Namen des Repetitorium für den Hochbau zu-
sammengefaßten Hefte beitragen. Bei ihrer Abfassung ist darauf Wert
gelegt, einerseits die rein theoretischen Abhandlungen auf ein Mindest-
maß zu beschränken und andererseits — soweit es möglich — ihre
praktische Anwendung durch zahlreiche Rechnungsbeispiele aus der
Praxis zu erläutern und somit dem Verständnisse der Architekten
näherzubringen. In diesem Sinne werden die Hefte nicht nur als Lehrbücher zu selbständiger Aneignung der notwendigsten Kenntnisse
dienen können, sondern in erster Linie eine Wiederholung aus den vorgenannten Lehrgebieten zu ermöglichen bestrebt und in der Lage sein.
Gleichzeitig dürften sie aber auch dem in der Praxis stehenden
Architekten ein willkommenes Rüstzeug für die vielseitigen Erforder-
nisse seines Berufes bieten.

Das Gesamtwerk zerfällt in die drei Abschnitte, deren jedem ein Heft — für sich vollkommen abgeschlossen — gewidmet ist:

Heft I: Graphostatik und Festigkeitslehre.

Heft II: Statik der Hochbaukonstruktionen.

Heft III: Die Grundzüge des Eisenbaus im Hochbau.

Das vorliegende **erste Heft,** die **Graphostatik** und **die Festigkeitslehre** behandelnd, bespricht in seinem ersten Teile die Grundzüge der graphischen Statik: die Zusammensetzung und Zerlegung von Kräften in der Ebene, die Lehre vom Kraft- und Seileck, die zeichnerische Darstellung statischer und höherer Momente.

In den Grundzügen der Festigkeitslehre — der der zweite und bei weitem überwiegende Teil des Heftes gewidmet ist — wird zunächst die rechnerische Ermittlung der Schwerpunkte, statischen, Trägheits- und Zentrifugalmomente gegeben, einschließlich ihrer wichtigsten Beziehungen unter sich und zu verschiedenen Achsensystemen. Hieran schließen sich die Darlegungen über die verschiedenen einfachen und zusammengesetzten Beanspruchungen der Querschnitte. Behandelt werden: die Normal- (Druck- und Zug-)festigkeit, die Frage des Knickens, die Biegungsfestigkeit, die Schubfestigkeit (für sich allein und in Verbindung mit Biegung) und endlich die Beanspruchung der Querschnitte gemeinsam durch ein Moment und eine Normalkraft. Die an die allgemeineren Ausführungen und Entwicklungen in jedem Einzelgebiete sich anschließenden Beispiele sind fast stets aus der hochbaulichen Praxis entnommen und so gewählt, daß sie eine möglichst große Vielseitigkeit der Anwendung erschließen. Soweit angängig ist neben schärfere Rechnungswegen auch auf vereinfachte Annäherungsmethoden der Rechnung eingegangen. Bei der Knickfestigkeit ist in diesem Sinne neben der Euler-Gleichung auch die Berechnung nach Tetmajer ausführlich wiedergegeben, einschließlich aller der — vereinfachten — Einzelberechnungen über die Knickfestigkeit gegliederter Stäbe.

Möge Heft I, dem in kurzer Zeit Heft II folgt, eine freundliche Aufnahme finden und der ihm gestellten Aufgabe gerecht werden, Graphostatik und Festigkeitslehre in wissenschaftlicher Form und dabei engster Zusammenfassung dem Architekten näherzubringen.

Der Verlangsbuchhandlung Julius Springer, Berlin, verfehle ich nicht für die vortreffliche Ausstattung, die sie in altbewährter Weise auch diesem Hefte hat zuteil werden lassen, und für das weitschauende Interesse, mit der sie trotz schwierigster Zeitverhältnisse das Unternehmen gefördert hat, meinen ergebensten Dank auszusprechen. Auch danke ich meinem Assistenten, Herrn Regierungsbaumeister Dr.-Ing. W. Kunze, für manch wertvollen Ratschlag und seine entgegenkommende Hilfe bei der Korrektur.

Dresden, im Juli 1919.   Dr.-Ing. **M. Foerster.**

Inhaltsverzeichnis.

Erster Teil.

Die Grundzüge der graphischen Statik.

1. Kapitel.

Die Zusammensetzung und Zerlegung von Kräften in der Ebene.

1. Die Zusammensetzung der Kräfte nach dem Parallelogramm der Kräfte und der Gleichgewichtszustand der Kräfte.

In der graphischen Statik werden Aufgaben, die sich auf das Zusammenfassen und Zerlegen von Kräften, auf die Bildung von Momenten verschiedener Ordnung usw. beziehen, auf rein zeichnerischem Wege gelöst. Hierzu bedarf es eines Zeichnungsmaßstabes, eines Kräftemaßstabes, der in seinen Einheiten sich nach der je vorliegenden Aufgabe richtet. Bei der Behandlung einfacher Kräfte wird der Maßstab, der zur zeichnerischen Darstellung der Kräfte in Form bestimmter Längen dient, sein: $1\,t = n\,cm$ bzw. $1\,kg = n'\,cm$ usw., während bei der graphischen Darstellung von Flächen als Kräfte die Einheit der Fläche die Grundlage bilden wird: $1\,qm = n\,cm$, $1\,qcm = n'\,cm = n''\,mm$ usw. Damit eine Kraft zeichnerisch dargestellt werden kann, ist es notwendig, von ihr zu kennen die Lage, ihre Richtung, ihre Größe. Das gleiche gilt auch von Kräften, welche Flächen ersetzen; hier ist in der Regel der Angriffspunkt der Kraft, der Punkt, in dem die Fläche statisch vereinigt gedacht werden kann, d. h. ihr Schwerpunkt. Die Richtung der Kraft ist durch einen Pfeil anzugeben, der die Richtung ihrer Wirkung darstellt, und zwar sowohl bei der Kraft selbst als auch bei ihrer zeichnerischen Darstellung.

Die in Fig. 1 gegebene, unter $45°$ nach rechts aufwärts gerichtete Kraft von $3\,t$ wird demgemäß bei einem Kräftemaßstab von $1\,t = 1\,cm$ durch eine ebenso gerichtete Gerade von $3\,cm$ Länge, bei einem Maßstab $1\,t = 3\,cm$ durch eine solche von $9\,cm$ darzustellen sein. Wäre ein Maßstab: $30\,kg = 1\,mm$ gegeben, so wäre die Kraft von $3\,t = 3000\,kg$ durch $100\,mm$, d. h. durch $10\,cm$, darzustellen. Es liegt auf der Hand, daß man gern den Maßstab in runden, einfachen Zahlen

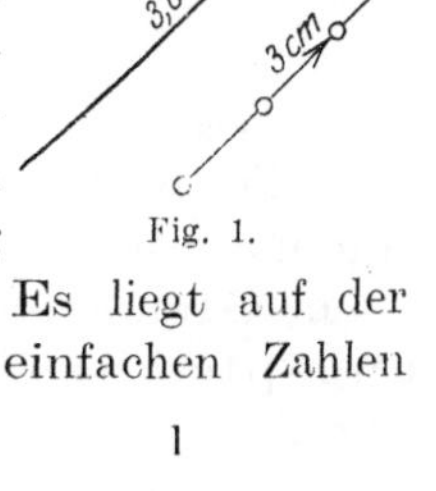

Fig. 1.

wählt, um sich die Umrechnungs- und Darstellungsarbeit möglichst zu vereinfachen.

Wirken mehrere Kräfte in ein und derselben Richtung, so kann man sie durch Aneinanderreihen zeichnerisch addieren, bei entgegengesetzter Richtung voneinander abziehen. (Fig. 2.)

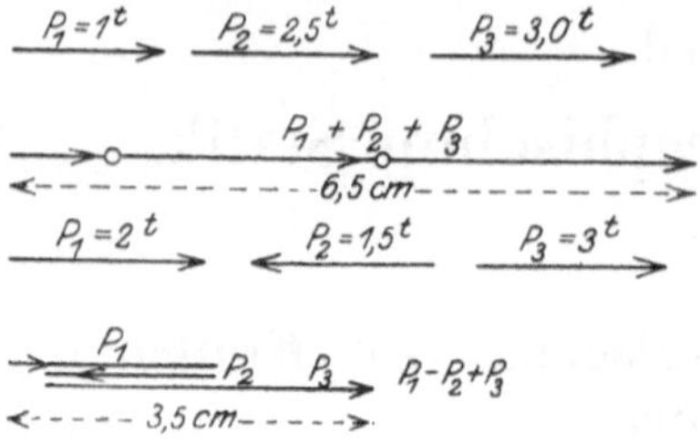

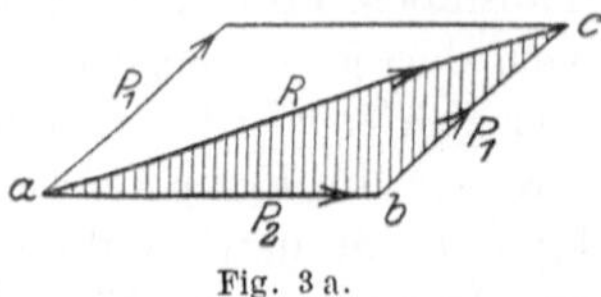
Fig. 2.

Die zeichnerische Zusammenfassung zweier in einem Punkte wirksamer, in Richtung und Größe gegebener Kräfte ist durch das Parallelogramm der Kräfte bekannt. In Fig. 3 ist R die Mittelkraft der beiden Kräfte P_1 und P_2. Betrachtet man das Dreieck $a\,b\,c$, so erkennt man, da in ihm $b\,c =$ der Kraft P_1 ist, daß es der Aufzeichnung des Parallelogramms nicht bedarf, sondern daß das einfache Dreieck ausreicht, um die Mittelkraft R zu bestimmen, daß also nur ein Kraftdreieck zur Lösung der Aufgabe zu zeichnen ist. Da Kraft R die Mittelkraft von P_1 und P_2 darstellt,

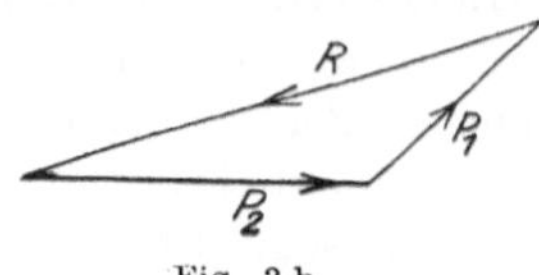
Fig. 3 a.   Fig. 3 b.

also deren Wirkung zu ersetzen hat, so ist ihre Richtung aus dem Kräfteparallelogramm gegeben; sie ist demgemäß der durchlaufenden Richtung von P_1 und P_2 im Kraftdreieck entgegengesetzt gerichtet.

Wird hingegen eine Kraft gesucht, welche den Kräften P_1 und P_2 das Gleichgewicht hält, so muß sie die Wirkung der Mittelkraft R aufheben, d. h. ihr Pfeil muß alsdann im Kraftdreieck mit dem von P_1 und P_2 in demselben Richtungssinne durchlaufen (Fig. 3 b).

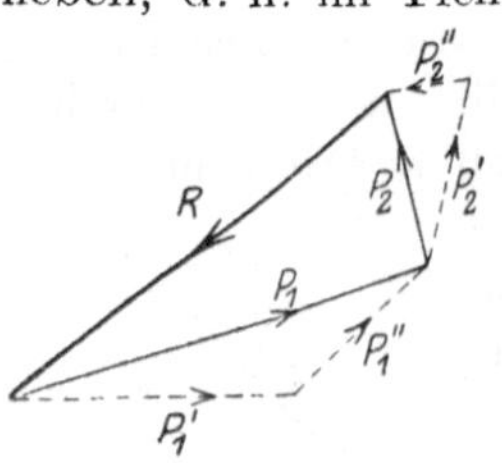

Da man (Fig. 4) jede Kraft P_1 bzw. P_2 durch zwei beliebige Seitenkräfte ersetzen kann, für die alsdann die Kräfte P_1 bzw. P_2 je Mittelkräfte sind, und diese Zerlegung ins Beliebige fortzusetzen vermag, in dem so sich bildenden Kraftvieleck im Zustande des Gleichgewichts

Fig. 4.

aber alle Kräfte in demselben Richtungssinne befahren werden, so kann man den Satz aussprechen:

Im Gleichgewichtszustande von Kräften läuft der Richtungspfeil im Krafteck in demselben Umfahrungssinne durch.

Greifen in einem Punkte mehrere Kräfte an und wird für sie die Mittelkraft gesucht, so kann man zunächst für zwei von ihnen die Mittelkraft finden, diese dann mit einer weiteren Kraft zu einer weiteren Mittelkraft vereinen und so weiter fortfahren, bis alle Kräfte unter sich zeichnerisch vereinigt sind. Hierbei entstehen (Fig. 5) die Zwischenmittelkräfte R_{1-2}, R_{1-3}. Man erkennt, daß man auch ohne ihre Hilfe

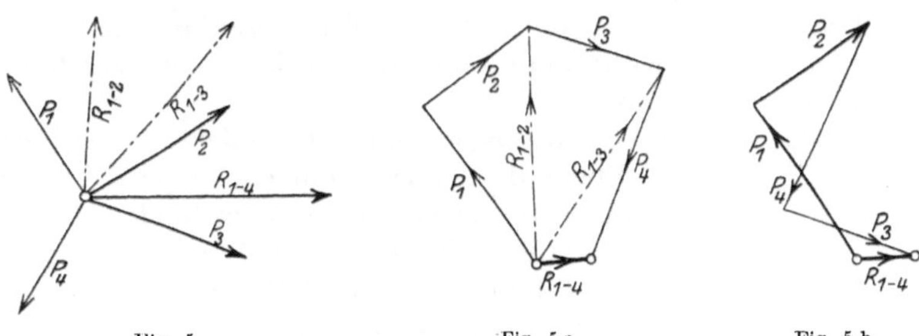

Fig. 5.   Fig. 5 a.   Fig. 5 b.

auszukommen vermag, den Kräftezug aus der unmittelbaren Zusammensetzung der Kräfte P_1, P_2, P_3, P_4 finden kann und die Mittelkraft aller Kräfte R_{1-4} durch Verbindung der Anfangs- und Endpunkte dieses Kraftlinienzuges erhält. Der Richtungspfeil der Kraft ist entgegengesetzt der an und für sich gleichlaufenden Richtung der zusammenzusetzenden Kräfte. Bei der Lösung ist es, wenn man nur auf die Richtungspfeile der Kräfte achtet, ohne Bedeutung (Fig. 5 b), in welcher Reihenfolge die einzelnen Kräfte aneinander gesetzt werden, da sie nur eine Mittelkraft haben können, also stets dasselbe Ergebnis sich zeigen muß. Man wird aber gern bei der Zusammensetzung der an ein und demselben Punkte angreifenden Kräfte sich nach der Reihenfolge richten, wie sie aufeinander folgen.

Greifen in einem Punkte Kräfte an, welche bei der Aneinanderreihung im Krafteck ein geschlossenes Vieleck bilden, so ist die Mittelkraft $= 0$, d. h. die Kräfte sind unter sich im Gleichgewicht (Fig. 6). Projiziert man ein solches Krafteck auf irgendein senkrechtes Achsensystem und denkt man sich eine jede Kraft nach diesen Achsen zerlegt, so findet man, daß die Summe aller Seitenkräfte in beiden Richtungen unter sich je $= 0$ ist. Hieraus folgt:

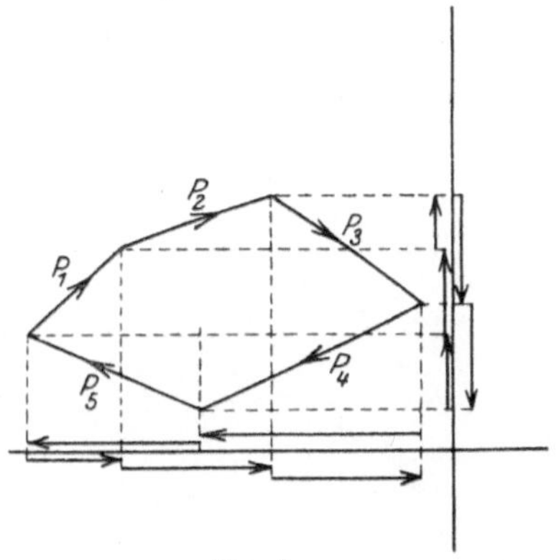

Fig. 6.

Sind in einem Punkte sich schneidende Kräfte unter sich

im Gleichgewicht, so sind die Summen ihrer Seitenkräfte, bezogen auf zwei beliebige, zu einander rechtwinklig liegende Achsen, je $= 0$.

Hierbei ist selbstverständlich Voraussetzung, daß man das Krafteck, den Pfeilen folgend, in einheitlichem Sinne umfahren kann, daß das Krafteck also einen stetigen Umfahrungssinn aufweist, also niemals zwei Pfeile sich begegnen.

Zugleich ist ersichtlich, daß, wenn in dem geschlossenen Krafteck der Pfeil irgendeiner Kraft umgekehrt wird, alsdann diese zur Mittelkraft aller anderen wird.

Das einfachste Krafteck in obigem Sinne ist das Dreieck, dem in der

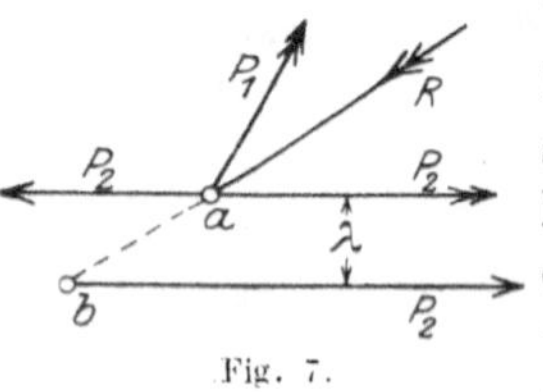

Fig. 7.

Ebene drei unter sich im Gleichgewichte befindliche, in einem Punkte angreifende Kräfte entsprechen. Hier kann (Fig. 7) nur Gleichgewicht herrschen, wenn die 3 Kräfte sich wirklich in einem Punkte schneiden. Fiele der Schnittpunkt a von R und P_1 nicht mit dem von P_2 und R (b) zusammen (Fig. 7), so könnte man im Punkte a, ohne das Kraftbild zu verändern, zwei entgegengesetzt wirkende und sich somit gegenseitig wieder aufhebende Kräfte P_2 anbringen; alsdann sind die drei mit Doppelpfeil versehenen Kräfte in a im Gleichgewicht, und es verbleibt noch ein am Hebelarm λ wirkendes Kräfte-

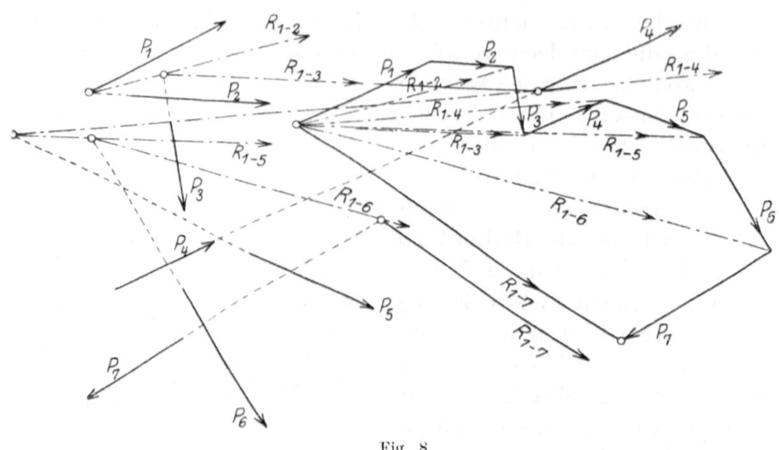

Fig. 8.

paar $P_2 \cdot \lambda$, welches ein, durch keine andere Kraftwirkung ausgeglichenes „Drehmoment" erzeugt, also einen Gleichgewichtszustand ausschließt. Nur wenn der Hebelarm dieses Kräftepaares $\lambda = 0$ wird, also wenn der Angriffspunkt b auch mit a zusammenfällt, also alle drei

Kräfte im Punkte a sich schneiden, kann Gleichgewicht herrschen. Hieraus folgt der wichtige Grundsatz:.

Drei Kräfte können nur im Gleichgewichte sein, wenn sie sich in einem Punkte schneiden.

Greifen mehrere Kräfte in der Ebene nicht in demselben Punkte an, sondern schneiden sie sich in verschiedenen Punkten, so kann man allerdings der Zwischenmittelkräfte nicht entbehren, um den jeweiligen Schnittpunkt der Zwischenmittelkraft und der mit ihr zu vereinigenden, gegebenen Kraft zu finden und endlich die Lage der Mittelkraft zu allen gegebenen Kräften zu bestimmen. (Fig. 8.) Hierbei ist der äußere Verlauf des Krafteckes allerdings auch ohne die Zwischenkräfte bestimmt.

2. Krafteck und Seileck.

Geht man in Fig. 9a zunächst vom Krafteck unter Benutzung der Zwischenmittelkräfte aus, und zeichnet man zu ihm allmählich fortschreitend ein zusammenhängendes Seileck in Fig. 9b derart, daß man jede Zwischenresultante mit der nächstfolgenden Kraft zum Schnitt bringt und durch den so gewonnenen Punkt die nächste Zwischenmittelkraft zieht, so bestimmt die letzte Seite dieses Eckes die Lage der Gesamtmittelkraft, und das ganze Seileck als solches gibt in seinen einzelnen Seiten die Mittelkraft aller voranliegenden Kräfte an. Dies ergibt sich daraus, daß in Fig. 9a jede Zwischenmittelkraft die Mittelkraft aller voranliegenden Kräfte ist und das in gleicher Weise für die Zusammenfügung der Kräfte in Fig. 9b gelten muß. Das dort gezeichnete Eck führt den Namen des Mittelkraftecks. Auch hier ist es gleichgültig, in welcher Reihenfolge die gegebenen Kräfte miteinander in Verbindung gebracht werden, da die Lage der Schußmittelkraft unabhängig von der Kraftreihenfolge ist.

Fig. 9.

Schneiden sich die Kräfte ungünstig unter spitzem Winkel, so werden von einem beliebig angenommenen Pole in einer der Fig. 9 ähnlichen Weise Hilfskräfte a, b, c, d, e (Fig. 10) zum Kraftzuge gezogen, so daß also lauter einzelne zusammenhängende Kraftdreiecke entstehen, gebildet durch je eine äußere gegebene **Kraft** und zwei Hilfs-

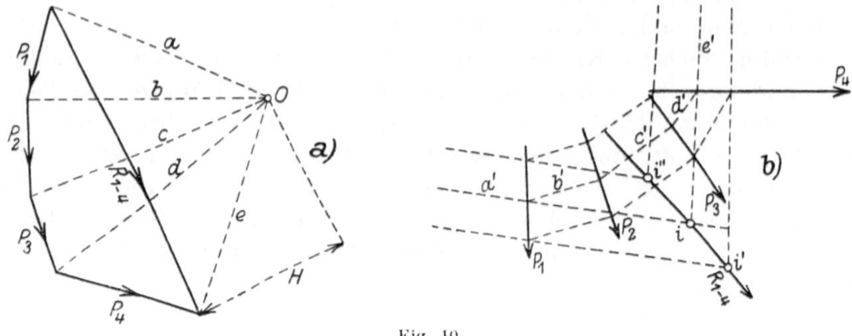

Fig. 10.

kräfte, ausgehend von dem angenommenen Pole O. Zeichnet man nun zu diesen Kräften eine Mittelkraftlinie in Form eines zusammenhängen-

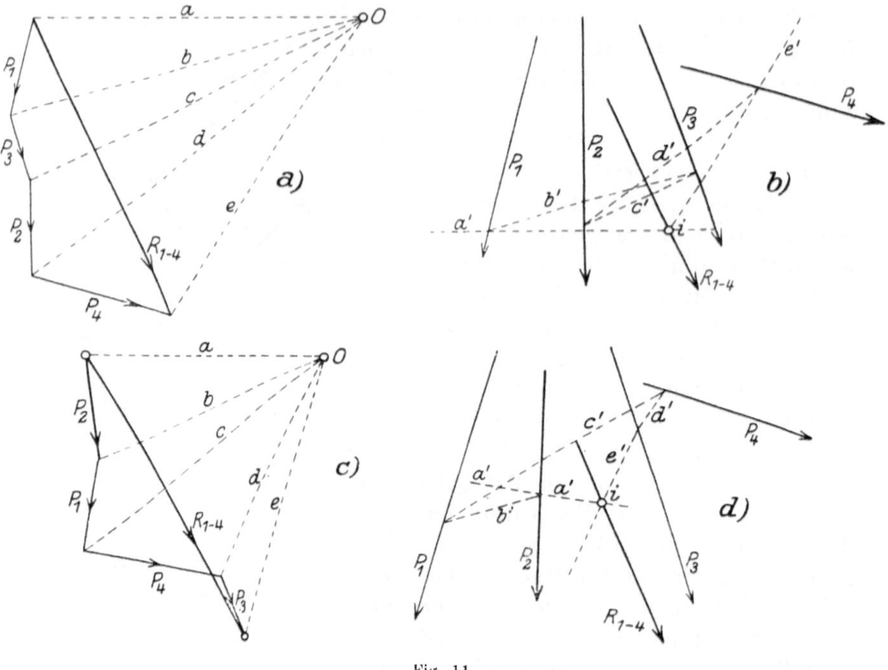

Fig. 11.

den Seilecks in die Kraftlage ein, so entspricht auch hier jeder Schnittpunkt von drei Linien einem Dreieck im Krafteck; die dort im Gleichgewicht befindlichen Kräfte sind es also auch im Seileckspunkte. Betrachtet man in demselben Sinne das Dreieck $O\,a\,e$, in dem R_{1-4} die Mittelkraft der Kräfte P_{1-4} darstellt und a bzw. e die äußersten Hilfskräfte, also auch die äußersten Seileckkräfte darstellen, so müssen sich auch im Kraftplane die Mittelkraft R_{1-4} mit den letzteren

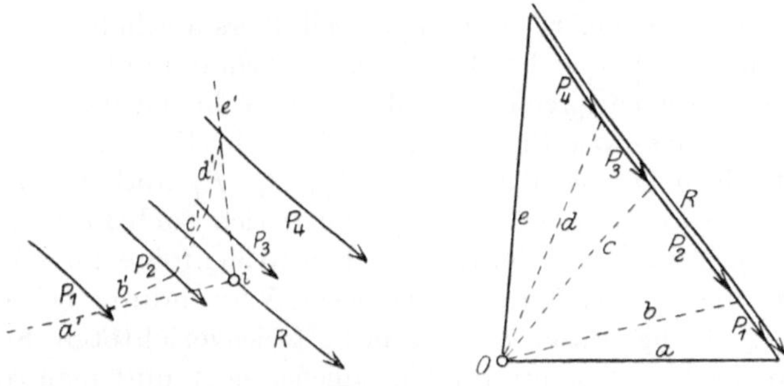

Fig. 12 a, b.

in einem Punkte schneiden; denn die drei im Kraftdreieck vereinigten Kräfte R_{1-4}, a und e können nur im Gleichgewicht sein, wenn sie sich in einem Punkte schneiden.

Da die Richtung von R_{1-4} bekannt ist, so ist somit auch ihre Lage im Kraftplan durch den Schnittpunkt von a' und e' (Fig. 10b) gegeben.

Die Auffindung der Mittelkraft auf dem voranstehend behandelten

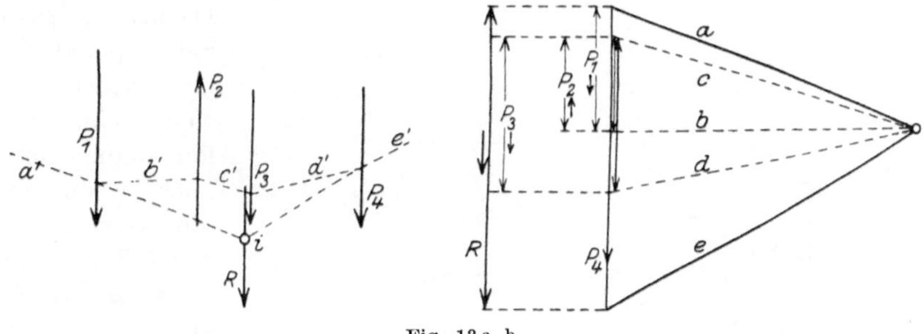

Fig. 13 a, b.

Wege hat eine grundlegende Bedeutung. Das in Fig. 10a dargestellte, von dem beliebigen Pole O mit Hilfe der Kraftstrahlen a, b usw. gezeichnete Polygon führt den Namen Krafteck, das mit seiner Hilfe gezeichnete Mittelkrafteck die Bezeichnung Seileck. Unter der Polweite des Kraftecks wird der senkrechte Abstand des Poles O von der Mittelkraft verstanden ($= H$ in Fig. 10 a).

Das Verfahren gestattet naturgemäß auch, jede beliebige Mittelkraft in ihrer Lage im Kräfteplan zu bestimmen, wenn man sie im

Krafteck einzeichnet und die für sie in Frage kommenden äußersten Seileckstrahlen sinngemäß benutzt.

Bei der Aufzeichnung des Kraftecks und Seilecks ist es ohne statische Bedeutung, wie die Reihenfolge der einzelnen Kräfte beim Aufzeichnen des Kraftecks gewählt wird, da es zu den Kräften nur eine Mittelkraft in bestimmter Lage gibt. Jedoch ist selbstverständlich darauf zu achten, daß jedem Dreieck im Krafteck ein Schnittpunkt derselben drei Kräfte im Seileck entsprechen muß. Unter Wahrung dieser Überlegung sind im Anschlusse an Fig. 10 die Seilecke in Fig. 11a, b und 11c, d für die Reihenfolge der Kräfte P_1, P_3, P_2, P_4 und P_2, P_1, P_4, P_3 gezeichnet. Selbstverständlich empfiehlt es sich auch hier, die bequemste und meist auch übersichtlichste Kraftreihenfolge zu wählen.

Kraft- und Seileck finden vorwiegend Verwendung bei zueinander parallelen, gleichgerichteten und nicht gleichgerichteten Kräften, da bei ihnen der Schnittpunkt im Unendlichen liegt und man somit nicht unmittelbar den Angriffspunkt der Mittelkraft zu finden vermag. Hierüber geben die Fig. 12a, b und 13a, b Auskunft; in ersterer handelt es sich um die Zusammenfassung gleichgerichteter, in letzterem Falle verschieden gerichteter Parallelkräfte.

3. Die zeichnerische Bestimmung des Schwerpunktes ebener Flächen.

Die Bestimmung der Mittelkraft von parallelen Kräften hat Bedeutung für die Auffindung der Schwerpunkte ebener Flächen. Da man in einem Schwerpunkt das Gewicht der Fläche sich vereinigt denken kann, so muß auch, wenn man die Fläche in einzelne Teile teilt, diese als Kräfte auffaßt und zu ihnen eine Mittelkraft sucht, diese durch den Schwerpunkt gehen. Hierbei ist es zweckmäßig, die Fläche in Dreiecke, Recht-

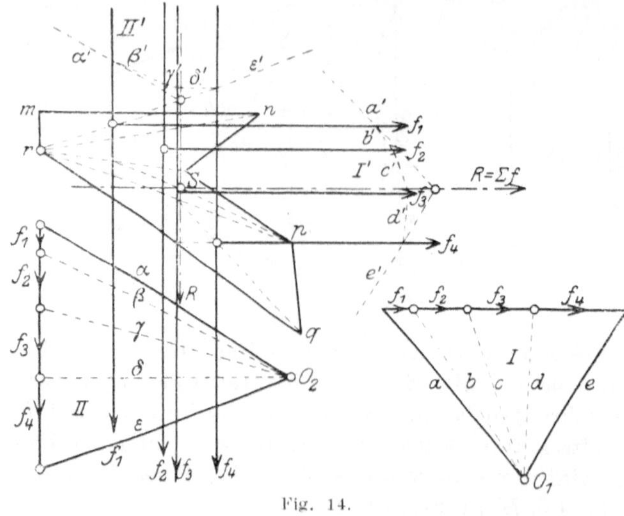

Fig. 14.

ecke, Trapeze, überhaupt in solche Figuren zu unterteilen, deren Schwerpunkte man ohne weiteres durch Zeichnung finden kann, und in diesen

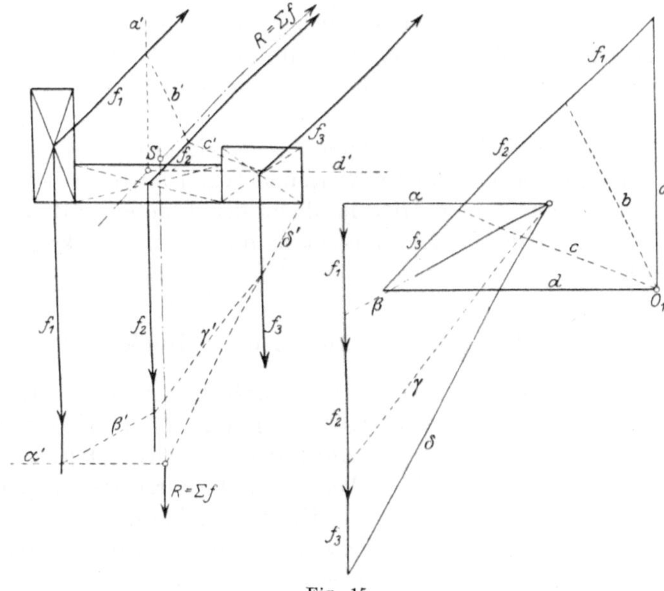

Fig. 15.

Punkten die Größen der Einzelteile als Kräfte im bestimmten Maßstabe, und zwar unter sich parallel, anzubringen. Ist die Gesamtfläche zu keiner Achse symmetrisch, eine Schwerachse also von
vornherein nicht bestimmbar, so wird man für
zwei verschiedene Richtungen je die Mittelkraft
bestimmen und in ihrem Schnittpunkt alsdann den
Schwerpunkt der Gesamtfläche finden.

In den Fig. 14 bis 16 sind zeichnerische Schwer-
punktsbestimmungen durchgeführt. Nach Annahme
eines Kräftemaßstabes (z. B. 100 qcm = 1 cm)
wurden in Fig. 14 die einzelnen Dreiecksflächen,
in die die Gesamtfläche unterteilt ist, einmal in
wagerechter, dann in senkrechter Richtung als
Kräfte aufgefaßt und aufgetra-
gen und alsdann mit Hilfe der
Kraftecke I und II die Mittelkräfte $R = \sum f$ bestimmt; ihr
Schnittpunkt S ist der Schwerpunkt der Fläche. In gleicher
Weise ist der Schwerpunkt des
Mauerpfeilers in Fig. 15 ermittelt.
Hier sind, da keine Symmetrieachse vorliegt, die Flächenkräfte

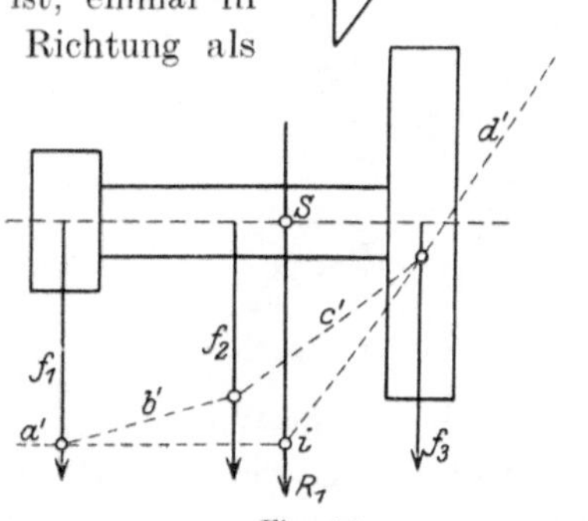

Fig. 16.

einmal unter 45° nach oben, das andere Mal senkrecht nach unten gerichtet aufgetragen und für diese Richtungen je die Mittelkraft bestimmt; hier liegt der Schwerpunkt (S) außerhalb der Fläche.

In Fig. 16 endlich liegt ein Querschnitt mit einer Symmetrieachse vor, innerhalb deren also der Schwerpunkt liegen muß. Deshalb reicht hier die Bestimmung einer Mittelkraft zu den Flächenkräften aus, die im vorliegenden Fall der Einfachheit halber für die senkrechte Richtung erfolgt ist.

4. Allgemeine Beziehungen zwischen Krafteck und Seileck.

Seil- und Krafteck gestatten auch die Auffindung einer graphischen Gleichgewichtsbedingung von Kräften, die nicht durch einen Punkt gehen. Auch wenn diese Kräfte ein geschlossenes Krafteck bilden, so ist noch nicht bewiesen, daß sie unter sich im Gleichgewicht sind. Die vier an einer selbst drehbaren Scheibe in Fig. 17 angreifenden Kräfte können z. B. in einem geschlossenen Krafteck sich vereinigen

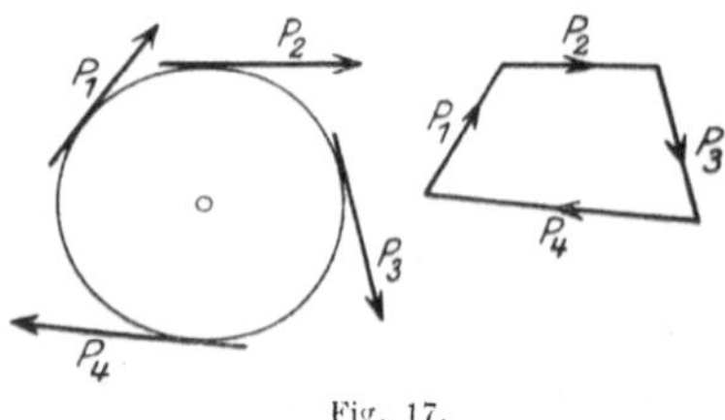

Fig. 17.

lassen, sind aber nicht unter sich im Gleichgewicht, da sie alle in demselben Sinne an der Scheibe drehen, also eine Bewegung dieser zur Folge haben.

Führt man bei den vier in Fig. 18 gegebenen Kräften, die unter sich ein geschlossenes Viereck bilden, an Stelle von P_1 (beliebig gewählt) die Mittelkraft R_{2-4} der andern Kräfte P_2, P_3, P_4 ein, und zeichnet man zu diesen ein Kraft- und Seileck, so bestimmt sich in letzterem die Lage von R_{2-4} durch das Zusammenschneiden der äußersten Seileckstrahlen a' und d' im Punkt i. Nur wenn P_1 durch diesen

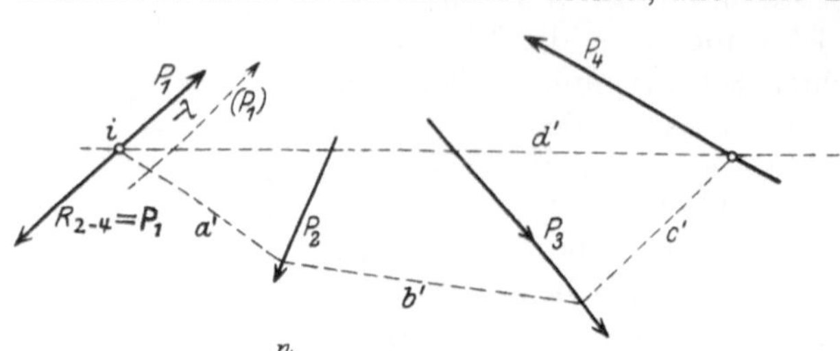

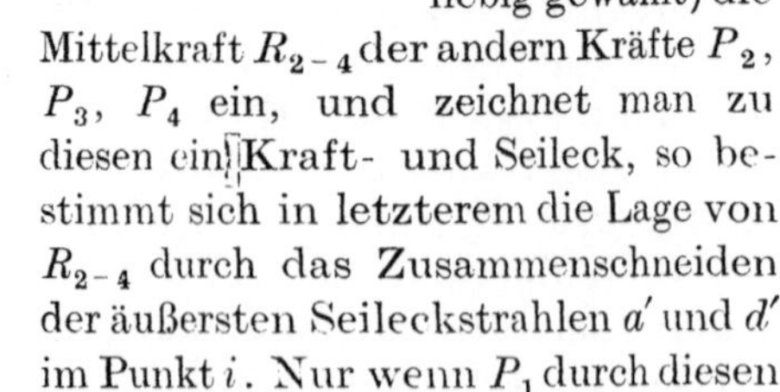

Fig. 18.

Punkt geht, also die Wirkung von R_{2-4} aufhebt, ist Gleichgewicht möglich. Jede andere Lage von P_1 z. B. (P_1) würde — da $R_{2-4} = P_1$, aber zu ihm entgegengesetzt gerichtet ist — die Ausbildung eines Kräftepaares $P_1 \lambda$

bedingen, das einen Gleichgewichtszustand ausschließt. Daraus folgt, daß **Kräfte in der Ebene, die sich nicht in einem Punkte schneiden, nur alsdann unter sich im Gleichgewicht sind, wenn sowohl das Krafteck als auch das Seileck sich schließen.**

Ist für die Aufzeichnung des Seilecks kein besonderer Durchgangspunkt oder ein sonstiger Anhalt gegeben, so ist es in der Regel ohne Bedeutung, von welchem Punkte man das Seileck beginnt; es entstehen, wenn man den Anfangspunkt verschieden wählt, (Fig. 10 Seite 6) lauter ähnliche Seileckzüge, welche nach den Lehren der ebenen Geometrie mit ihren äußersten Strahlen sich alle auf derselben Geraden schneiden, d. h. auf der Mittelkraft R. Die in Fig. 10 ermittel-

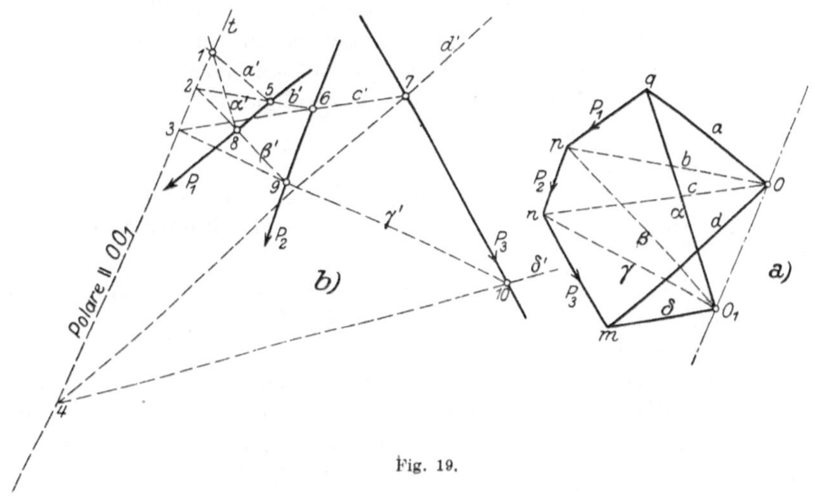

Fig. 19.

ten Punkte i, i', i'' müssen auch deshalb in ein und derselben Geraden liegen, weil durch sie alle die Mittelkraft R hindurchgeht und es zu den gegebenen Kräften nur eine in ihrer Lage ganz bestimmte Mittelkraft geben kann.

Werden zu den gegebenen Kräften **zwei Kraftecke mit verschiedenen Polen** (Fig. 19) O und O_1 gezeichnet, so schneiden sich die entsprechenden Seileckstrahlen der beiden, den Polen entsprechenden Seilecke auf einer gemeinsamen Geraden, die der Verbindungslinie der beiden Pole parallel ist.

Die Richtigkeit dieses Satzes läßt Fig. 19 erkennen. Hier sind O und O_1 die beiden Pole, a, b, c, d bzw. α, β, γ, δ die von ihnen zu den drei gegebenen Kräften gezogenen Krafteckstrahlen. Ihnen entsprechend sind in Fig. 19b die beiden Seilecke a', b', c', d' und α', β', γ', δ' gezeichnet und deren zugehörende Strahlen $a'\alpha'$, $b'\beta'$, $c'\gamma'$ und $d'\delta'$ je zum Schnitte gebracht.   Betrachtet man in Fig. 19a das Dreieck qOO_1, so können in ihm die Strecken OO_1, Oq und O_1q als Kräfte aufgefaßt werden, denen — da sie ein Dreieck bilden — in Fig. 19b drei Kräfte entsprechen müssen, die sich in einem Punkte schneiden (Punkt 1 in Fig. 19b); hier ist also $t\,1\,/\!/\,OO_1$.

In gleicher Weise lehrt die Betrachtung des Dreiecks OpO_1 mit den Kraftstrahlen b und β, des Dreiecks OnO_1 mit c und γ und endlich des Dreiecks OmO_1 mit d und δ, daß in Fig. 19b in den Punkten 2, 3 und 4, also in den Schnittpunkten der zugehörenden Seileckseiten (b' und β', c' und γ', d' und δ'), je eine Kraft $/\!/\,OO_1$ liegen muß. Da OO_1 im Krafteck als Mittelkraft der den Umfang dieses darstellenden Kräfte, die alle in Fig. 19b enthalten sind, aufgefaßt werden und somit in Fig. 19b nur einmal vorkommen kann, müssen die Punkte 1, 2, 3, 4 auf ein und derselben zu OO_1 parallelen Geraden liegen. Diese Gerade nennt man **Polare.**   Diese Gesetzmäßigkeit läßt sich in dem Satze zusammenfassen:

Verschiebt man den Pol im Krafteck, so schneiden sich die zugehörenden Seileckstrahlen je auf **einer** zur Polverschiebung parallelen Geraden, die als **Polare** bezeichnet wird.

Die Anwendung dieses Satzes sei an der Lösung der Aufgabe gezeigt: ein Seileck zu gegebenen Kräften durch drei gegebene Punkte zu legen.

Während man zu gegebenen Kräften durch einen und auch noch durch zwei Punkte eine unendlich große Anzahl von Seilecken legen kann, kann durch drei Punkte nur ein einziges gezeichnet werden (Fig. 20). Hier seien gegeben die drei Kräfte P_1, P_2, P_3 und die Punkte A, B und C, durch die zu diesen Kräften ein Seileck gelegt werden soll. Zunächst werde unter Benutzung des beliebig angenommenen Poles O_1 ein Krafteck a, b, c, d gezeichnet und durch den Punkt A gehend ein Seileck a', b', c', d' zu den gegebenen Kräften eingetragen. Soll nun das zweite Seileck auch durch A gehen, dann ist A ein Punkt, in dem sich späterhin zwei zugehörende Seileckstrahlen, der erste Strahl des ersten und der eines zweiten Seilecks, schneiden müssen. Mithin ist auch A ein Punkt der zum Seileck 2 gehörenden Polare; da diese sonst an keine Bedingungen gebunden ist, so kann ihre Richtung durch A hindurch beliebig — in Fig. 20 wagerecht — angenommen werden. Demgemäß verschiebt sich auch der Pol O_1 im Krafteck jetzt in wagerechter Richtung. Soll das zweite Seileck zugleich durch Punkt B hindurchgehen, so muß die entsprechende Seite c''' mit c' vom ersten Seileck sich auf der Polare I schneiden. Da c' im Punkte m mit der Polare I zusammentrifft, muß mithin auch c''' durch diesen Punkt und B gehen, ist also in seiner Richtung bestimmt. Eine entsprechende Parallele im Krafteck durch 3 zu c''' bestimmt demgemäß den Pol O_2 des Kraftecks a'', b'', c'', d'', dessen zugehörendes Seileck durch A und B geht — a''', b''', c''', d'''.

Soll nun das dritte Seileck durch die Punkte A, B und C gehen, so sind zunächst A und B weitere Punkte, in denen je die zugehörenden Seileckseiten sich schneiden müssen. Demgemäß ist jetzt die Polare durch A und B bestimmt, also vollkommen festliegend. Auf einer Parallelen zu ihr durch O_2 im Krafteck muß mithin auch der Pol des Kraftecks für das Seileck durch die drei Punkte liegen. Dieser

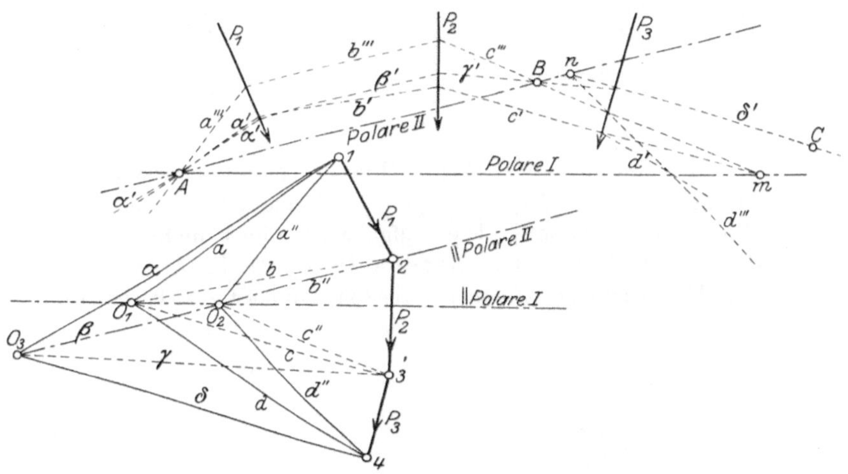

Fig. 20.

Pol O_2 wird dadurch bestimmt, daß auf der Polare II sich auch die äußersten rechten Seileckseiten (entsprechend der Lage von C, rechts von P_3) schneiden müssen; verlängert man demgemäß die Seite d''' des Seilecks 2 bis zu ihrem Schnittpunkte n mit Polare II, so muß auch durch n der Strahl δ' des gesuchten Seilecks durch drei Punkte gehen. Da somit δ' in seiner Richtung bekannt ist, ist auch Pol O_3 im Krafteck bestimmt und somit das Krafteck α, β, γ, δ und mit seiner Hilfe das durch die drei Punkte A, B, C gehende Seileck α', β', γ', δ' zu finden.

5. Die Zerlegung der Kräfte.

Ist eine Mittelkraft (Fig. 21) gegeben $= R$ und soll sie in zwei Kräfte, die mit ihr in einem Punkte sich schneiden, zerlegt werden, deren

Richtungen bekannt sind, so ist die Lösung durch Aufzeichnung des
Dreiecks *a b c* gegeben. Schneiden sich mehr als zwei Kräfte mit *R*
in einem Punkte, so kann *R* in eindeutiger Weise nicht mehr in sie
zerlegt werden, da die Lösung unendlich viele Möglichkeiten zuläßt

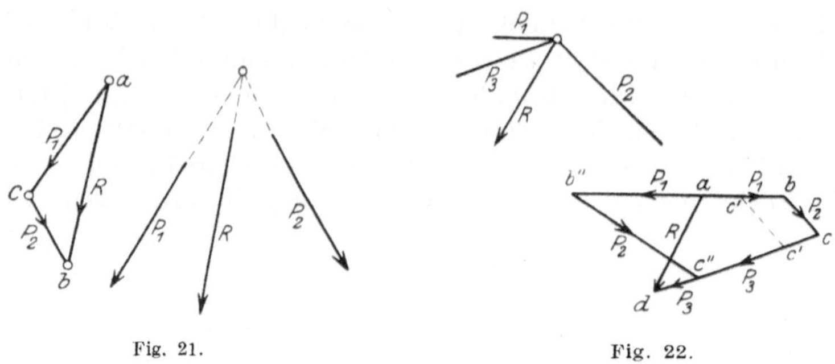

Fig. 21.   Fig. 22.

(Fig. 22).   Hier könnte sich z. B. mit Hilfe der gegebenen Kraft *R* für
die drei Kraftrichtungen P_1, P_2, P_3 ein Krafteck *a b c d* oder *a c′ c′ d*
oder *a b″ c″ d* usw. ergeben. Die Aufgabe ist nicht mehr lösbar. Es
kann also eine Kraft höchstens in zwei Kräfte zerlegt
werden, die mit ihr sich in einem Punkte schneiden.

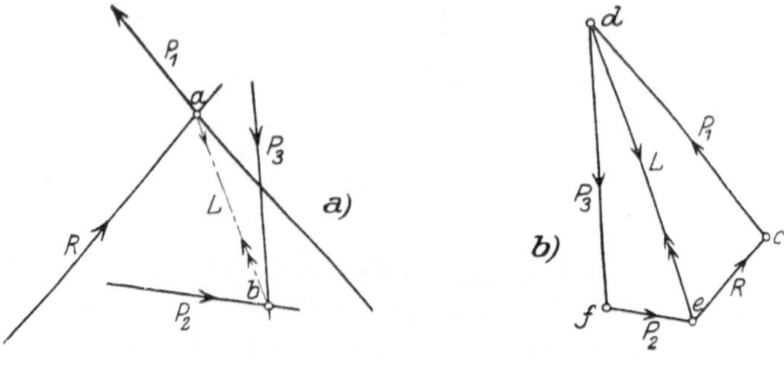

Fig. 23 a, b.

Schneiden sich hingegen drei Kraftrichtungen nicht in einem
Punkte, so kann eine gegebene Kraft nach ihnen zerlegt werden (Fig. 23).
Hier ist *R* gegeben sowie die Lage der Kräfte P_1, P_2, P_3 bestimmt, die
mit *R* im Gleichgewicht sein sollen. Bringt man je zwei der Kraftrichtungen zum Schnitt, also z. B. *R* und P_1 in *a*, P_2 und P_3 in *b*, so kann
man die beiden Schnittpunkte durch eine Hilfskraft *L* verbinden und
nun zunächst für den Punkt *a* (da hier *R* bekannt ist) ein Kraftdreieck

c, e, d zeichnen, in dem man eindeutig P_1 und L findet. Zerlegt man alsdann L (Doppelpfeilrichtung!) in P_3 und P_2 — gemäß dem Zusammentreffen dieser drei Kräfte in Punkt b —, so sind alle drei gesuchten Kräfte bestimmt. Hierbei wird L durch verschiedenes Befahren aus der Rechnung wieder herausgehoben und zudem die Richt-

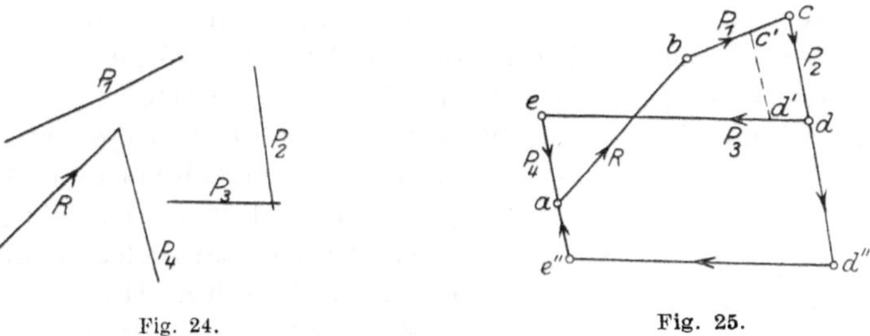

Fig. 24.   Fig. 25.

tung der Kräfte P_1, P_2, P_3 bestimmt. Soll R ihnen das Gleichgewicht halten, so muß der Richtungspfeil im Krafteck stetig sein, d. h. durch R bestimmt, den in Fig. 23b angegebenen Verlauf aufweisen, von dem aus alsdann die Eintragung der Kraftrichtungen in Fig. 23a erfolgt.

Die Aufgabe, eine Kraft nach drei Richtungen, die sich nicht in einem Punkt schneiden, zu zerlegen, ist also lösbar; sie bietet eine der wichtigsten grundlegenden Lösungen der graphischen Statik. Auf

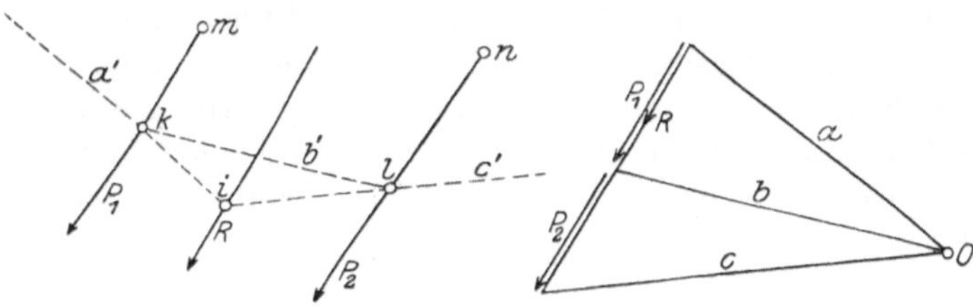

Fig. 26.

ihrer Anwendung beruht das **Culmannsche Verfahren** zur Ermittlung von Stabkräften in Fachwerken.

Eine gegebene Kraft R nach m e h r a l s d r e i Richtungen zu zerlegen, die nicht in einem Punkte zusammentreffen, ist nicht lösbar. Auch hier ergeben sich — vgl. Fig. 24 u. 25 — unendlich viele Lösungsmöglichkeiten.

Sind die Kräfte parallel und handelt es sich (Fig. 26) darum, zu einer Kraft R zwei gleichgerichtete Seitenkräfte zu ermitteln, deren Angriffspunkte m und n gegeben sind, so dient zur Lösung ein beliebiges, in die Kraftrichtungen hineingezeichnetes Seileck und das aus ihm, rückwärts gehend, entwickelte Krafteck. Hierbei ist das Seileck naturgemäß so zu zeichnen, daß sich seine äußersten Seiten auf der Mittelkraft schneiden (in i), es ist also von den Seiten a' und c' auszugehen und erst dadurch die Lage von b' zu finden. Da im Punkt k drei Kräfte a', b' und P_1, ebenso in l, b', P_2 und c' zusammentreffen, ihnen aber im Krafteck je ein Dreieck entsprechen muß, so sind die Größen von P_1 und P_2 durch eine Parallele durch O zu b', also durch den Krafteckstrahl b — die Schlußlinie des Seilecks — gegeben. Auf der Lösung dieser Aufgabe beruht auch die weitere, zwei Kräfte zu finden, die durch bekannte Angriffspunkte (v und w in Fig. 27) gehend, einer Anzahl paralleler Kräfte das Gleichgewicht halten. Hier wird (Fig. 27) zu den gegebenen Kräften zunächst ein beliebiges Krafteck entworfen, mit seiner Hilfe durch ein Seileck die Lage der Mittelkraft R bestimmt und nunmehr R in der vorstehend gezeigten Weise in die Richtungen A und B zerlegt. Da die äußersten Seileckstrahlen hier bereits vorhanden sind, wird die Fig. 26 entsprechende Schlußlinie durch zwei Parallelen zur gegebenen Kraftrichtung, durch die Angriffspunkte der gesuchten Kräfte gelegt, auf den äußersten Seileckseiten gefunden — v' und w'. Eine Parallele zu $v'\,w'$ im Krafteck schneidet alsdann auf der $\sum P$ die gesuchten Kräfte A und B ab. Da sie den nach unten gerichteten senkrechten Kräften P das Gleichgewicht halten sollen, so sind sie senkrecht nach oben gerichtet.

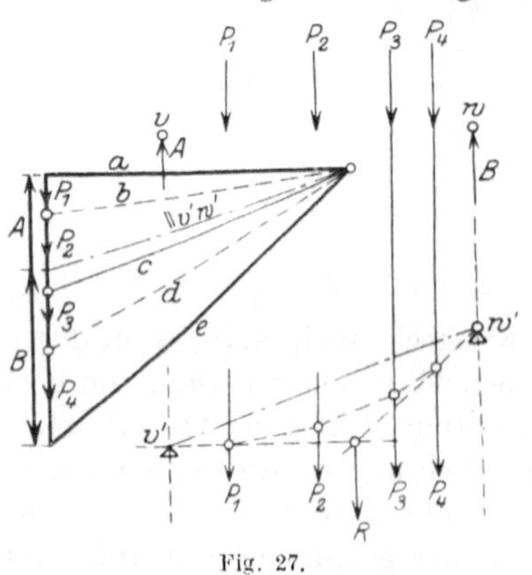

Fig. 27.

2. Kapitel.

Statische Momente von Kräften und Flächen und Trägheitsmomente von Flächen.

1. Statische Momente von Kräften und Flächen.

Unter dem Drehmoment oder dem statischen Moment einer Kraft um einen Punkt versteht man das Produkt aus der Kraft und dem vom Punkte auf diese gefällten Lot, dem Hebelarm der Kraft. Das Moment der Kraft P um Punkt m in Fig. 28 ist somit $M_m = P \cdot r$. Das Moment wird als $+$ eingeführt, wenn es um

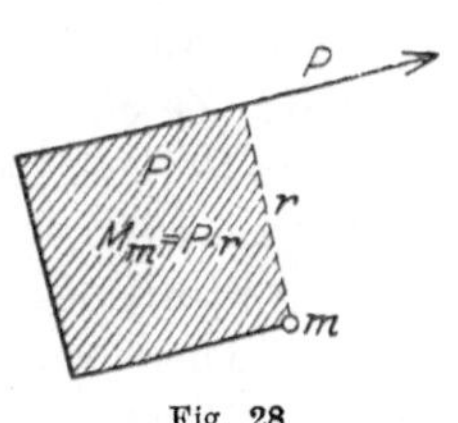

Fig. 28.

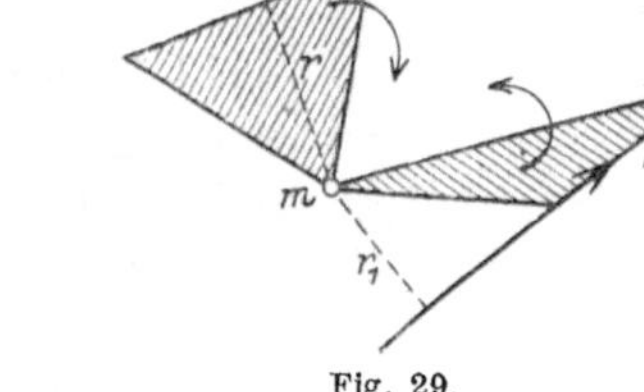

Fig. 29.

den Punkt im Sinne des Uhrzeigers dreht, im entgegengesetzten Falle als $-$ bezeichnet. Die Einheit, in der das Drehmoment einer Kraft sich zeigt, setzt sich also stets zusammen aus dem Produkt von Kraft und Abstand, erscheint demgemäß in t·m oder in kg·cm, oder in t·cm bzw. in kg·m. In der Regel ist es üblich, t mit m, kg mit cm zu vereinigen, aber auch die Einheit t·cm findet sich. Ein Moment $P \cdot r$ kann zeichnerisch durch ein Rechteck dargestellt werden, dessen eine Seite in bestimmtem Kräftemaßstab aufgetragen $= P$, dessen andere

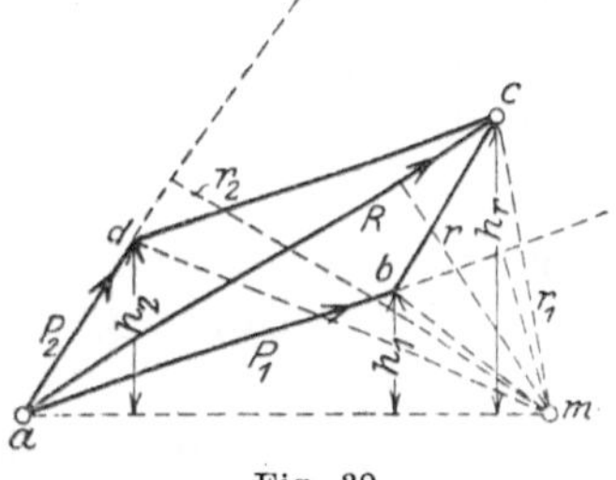

Fig. 30.

$= r$ ist (Fig. 28), oder auch durch den zweifachen Inhalt eines Dreiecks mit der Grundlinie $= P$ und der Höhe $= r$ wiedergegeben werden (Fig. 29).

Wählt man letztere Darstellungsart für die im Parallelogramm der Kräfte vereinigten 3 Kräfte (Fig. 30), so ergibt sich in bezug auf einen Punkt m als Drehpunkt für das Moment, einmal für R, dann für die beiden Seitenkräfte P_1 und P_2:

$$M_{R_m} = R \cdot r = 2 \triangle a\,c\,m = 2 \cdot \frac{a\,m}{2} \cdot h_r = a\,m \cdot h_r ,$$

$$M_{P_1\,m} = P_1\,r_1 = 2 \triangle a\,b\,m = 2 \cdot \frac{a\,m}{2} \cdot h_1 = a\,m \cdot h_1 ,$$

$$M_{P_2\,m} = P_2\,r_2 = 2 \triangle a\,d\,m = 2 \cdot \frac{a\,m}{2} \cdot h_2 = a\,m \cdot h_2 .$$

Hieraus folgt:

$$M_{P_1\,m} + M_{P_2\,m} = P_1\,r_1 + P_2\,r_2 = a\,m\,(h_1 + h_2) .$$

Da ferner $h_1 + h_2 = h_r$ ist, so ist auch:

$$M_{R_m} = M_{P_1\,m} + M_{P_2\,m} = \sum M_P , \quad \text{d. h.:}$$

Das Moment der Mittelkraft auf einen Punkt ist gleich

der Summe der Momente der Seitenkräfte, bezogen auf denselben Punkt.

Die Richtigkeit dieses Gesetzes für zerstreut in der Ebene wirkende
Kräfte läßt sich (Fig. 31) aus den folgen-
den Überlegungen finden: Zeichnet man zu
den gegebenen Kräften ein Seileck, bestimmt
in ihm die Lage der Mittelkraft, so muß in
allen den einzelnen Punkten des Seilecks
Gleichgewicht herrschen. Dies bedingt, daß
die hier angreifenden Seilkräfte sich paarweise
aufheben, d. h. $I = I'$, $II = II'$, $III = III'$,
$IV = IV'$ ist. Da z. B. in a die Kräfte I', P_1
und II im Gleichgewicht sind, so ist II' die

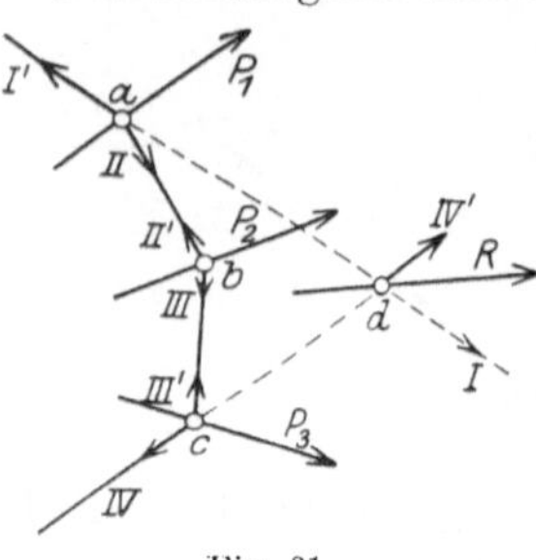

Fig. 31.

Mittelkraft zu I' und P_1 und somit, wenn man auf einen bestimmten
Punkt der Ebene die Momente dieser Kräfte mit $M_{II'}$, $M_{I'}$, M_{P_1} bezeichnet, nach dem oben erwiesenen Satze:

$$M_{II'} = M_{I'} + M_{P_1} .$$

In gleicher Weise ergibt sich für Punkt b:

$$M_{III'} = M_{II'} + M_{P_2} = M_{I'} + M_{P_1} + M_{P_2}$$

und für Punkt c:

$$M_{IV'} = M_{III'} + M_{P_3} = M_{I'} + M_{P_1} + M_{P_2} + M_{P_3} .$$

Da ferner R die Mittelkraft aus IV' und I ist, so ist:

$$M_R = M_I + M_{IV'}$$

und somit:

$$M_R = M_I + M_{I'} + M_{P_1} + M_{P_2} + M_{P_3} .$$

Da die Momente M_I und $M_{I'}$ absolut unter sich gleich sind, sich aber
wegen der entgegengesetzten Pfeilrichtung von I und I' aufheben, so
wird:

$$M_R = M_{P_1} + M_{P_2} + M_{P_3} = \sum M_P ,$$

womit das obige Gesetz auch für in der Ebene zerstreut liegende
Kräfte als richtig nachgewiesen ist.

Die zeichnerische Darstellung eines Momentes gegebener Kräfte.

Zeichnet man, um das Moment der Kräfte P_1, P_2, P_3, in bezug
auf den Punkt m zu finden, zu diesem ein Kraft- und Seileck, konstruiert in letzterem die Mittelkraft R und zieht durch den gegebenen
Punkt m eine Parallele zu R, die auf den äußersten Seileckstrahlen
die Punkte α, β bestimmt, so ist das Dreieck α, β, $\gamma \sim$ Dreieck v, w, O,
und somit verhält sich:

$$\alpha \beta : r = u : r = R : H .$$

Somit ist : $u \cdot H = R \cdot r = \sum P \cdot r =$ dem Moment der Kräfte in bezug auf den Punkt m; d. h. das Moment der gegebenen Kräfte ist gleich dem Produkt aus der Polentfernung ihrer Mittelkraft (H) und einer Strecke (u),

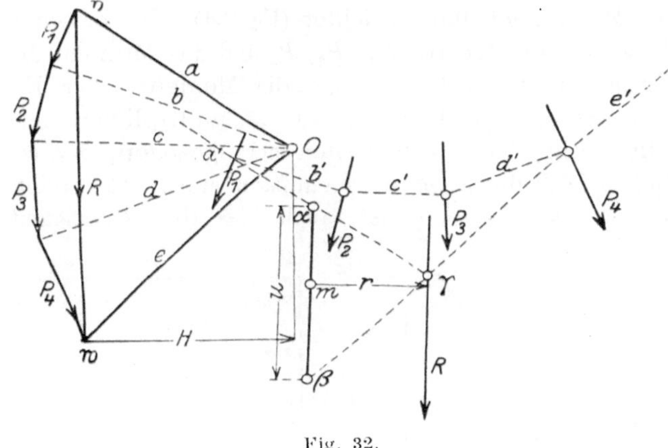

Fig. 32.

die parallel zu R und durch den Momentendrehpunkt gelegt von den äußersten Seileckseiten abgeschnitten wird.

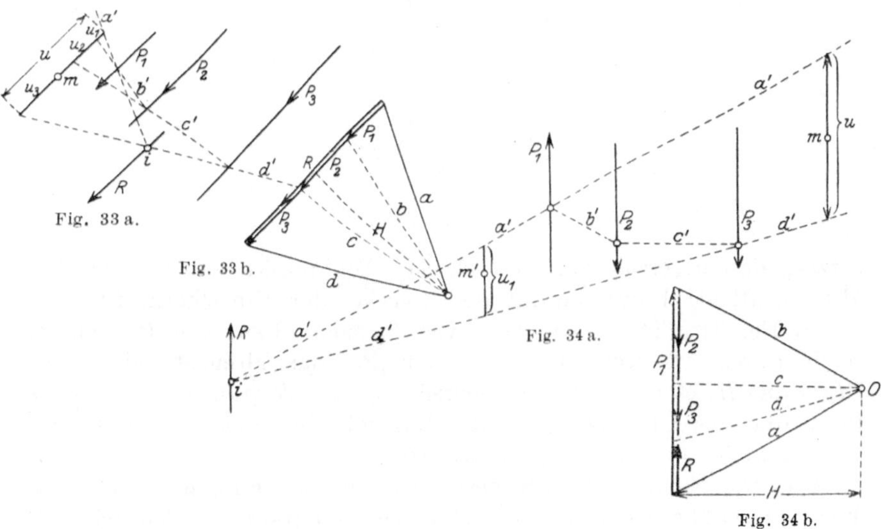

Fig. 33 a.

Fig. 33 b.

Fig. 34 a.

Fig. 34 b.

Man erkennt aus der graphischen Darstellung, daß mit Hinausschiebung des Punktes m das Moment zunimmt, daß es so lange als $+$ anzusprechen ist, solange der Punkt m links von R liegt, bei einer

Rechtslage aber — wird. Zugleich zeigt sich, daß wenn m in die Angriffslinie von R fällt, $M = 0$ wird, da alsdann $r = 0$ ist.

Für parallele Kräfte ist die zeichnerische Ermittlung die genau gleiche (Fig. 33 u. 34). Hier sind einmal die Kräfte gleich- (Fig. 33), das andere Mal verschieden gerichtet (Fig. 34). Im ersten Fall ist R die Mittelkraft der drei Kräfte P_1, P_2, P_3 und das Moment $M_m = u \cdot H$. Zugleich zeigt die Darstellung auch die Momente der Einzelkräfte auf m in den Strecken u_1 bzw. u_2 bzw. u_3, multipliziert mit H. Hierbei sind die jeweilig letzten Seilseiten herangezogen, zwischen denen die Parallelen zu R durch m abgeschnitten sind. Es ergibt sich zugleich, da $u_1 + u_2 + u_3 = u$ ist, auch hier die Richtigkeit des Ge-

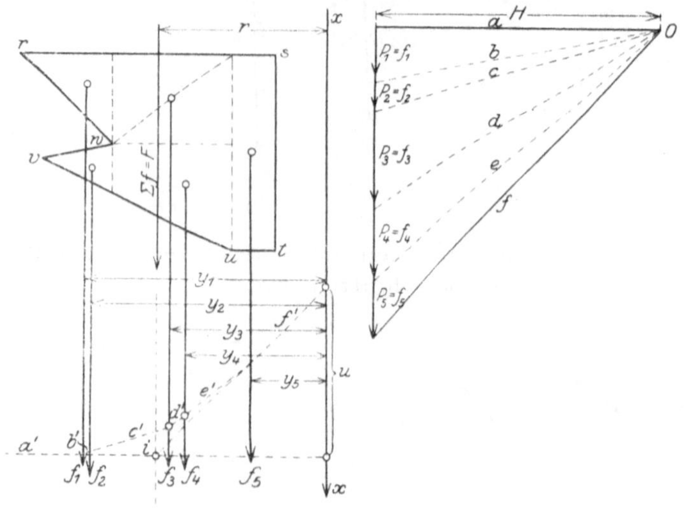

Fig. 35.

setzes, daß in bezug auf den gleichen Drehpunkt das Moment der Mittelkraft gleich der Summe der Momente der Einzelkräfte ist.

In Fig. 34 zeigt die Richtung von P_1 nach oben, von P_2 und P_3 nach unten. R liegt hier links von P_1, das Moment auf m ist: $M_m = u \cdot H$; es ist nach der Pfeilrichtung von R positiv, da R um m im Sinne des Uhrzeigers dreht. Das gilt in gleicher Weise von $M_{m'} = u_1 H$; für Punkt i ist $M_i = 0$.

Da, wie bereits auf S. 8 hervorgehoben ist, **Flächenteile als Einzelkräfte aufgefaßt** und in einem entsprechenden Maßstab dargestellt werden können, so läßt sich auch nach den voranstehend behandelten Darstellungsmethoden das **statische Moment von Flächen**, bezogen auf bestimmte Geraden, als Achsen in der Form:
$$M = S = H \cdot u \text{ darstellen.}$$

Handelt es sich (Fig. 35) um das statische Moment der Fläche $r\,s\,t\,u\,v\,w$ in bezug auf die Achse $x\,x$, so wird die Fläche in 2 Dreiecke, 1 Trapez und 2 Rechtecke zerlegt, in deren Schwerpunkten je die Einzelflächenkräfte f_1, f_2, f_3, f_4, f_5, und zwar parallel zu der Achse $x\,x$, angreifen.

Das statische Moment dieser Flächen findet alsdann seinen Ausdruck in der Gleichung:

$$S_x = f_1\,y_1 + f_2\,y_2 + f_3\,y_3 + f_4\,y_4 + f_5\,y_5\,.$$

Um diesen Ausdruck zeichnerisch zu gewinnen, wird das Krafteck mit der Polweite H gezeichnet und mit seiner Hilfe das Seileck sowie aus ihm die Strecke u bestimmt.
Alsdann ist: $S_x = u \cdot H$. Hierbei ist u im Maßstabe der Zeichnung, H im Kräftemaßstab des Kraftecks, also in cm² o. dgl. Einheit zu messen; alsdann ergibt sich auch S_x als eine Größe dritten Grades, als das Produkt aus einer Fläche und einem Hebelarme. Das Seileck gestattet zu gleicher Zeit die Auffindung der Lage von $\sum f = F$ und somit als Kontrollrechnung die Bestimmung von S_x in der Form: $S_x = F \cdot r$ (vgl. Fig. 35).

In gleicher Weise ist in Fig. 36 das statische Moment des Pfeilerquerschnittes, bezogen auf seine untere Begrenzungslinie $x\,x$, in der Form: $S_x = u\,H = R \cdot r$

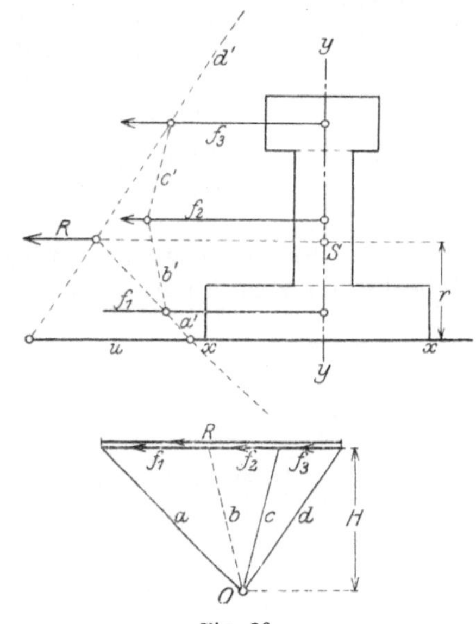

Fig. 36.

dargestellt. Hier sind die Einzelkräfte f naturgemäß wieder parallel zu $x\,x$ eingeführt.

2. Trägheitsmomente von Flächen.

Unter dem Trägheitsmoment (J) einer Fläche, bezogen auf eine Achse, versteht man das Produkt der Fläche bzw. ihrer Einzelteile und des Quadrates ihres Abstandes bzw. der Einzelabstände von der Achse (Fig. 37):

$$J_y = F\,x_0^2 = f_1\,x_1^2 + f_2\,x_2^2 + f_3\,x_3^2 + f_4\,x_4^2 + f_5\,x_5^2 + f_6\,x_6^2 = \sum f\,x^2\,.$$

Hierbei sind also die f-Kräfte wiederum parallel zu der Achse einzuführen, auf die die Trägheitsmomente bezogen werden sollen, so daß die x-Werte die senkrechten Abstände der f-Kräfte von der betreffenden Achse darstellen.

Der Ausdruck $J_y = \sum f x^2$ gestattet eine zeichnerische Darstellung unter Verwendung des Kraft- und Seilecks. Handelt es sich in Fig. 38 um die Auffindung des Trägheitsmomentes in bezug auf

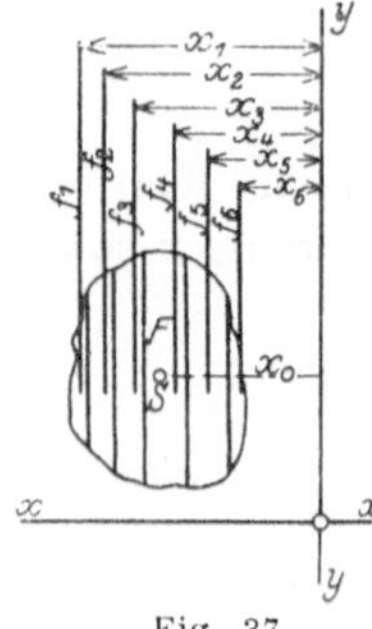

Fig. 37.

die hier senkrecht angenommene x-Achse — durch den noch nicht bekannten Schwerpunkt des Querschnittes gelegt —, also um die Darstellung des Ausdrucks:

$$J_x = \sum f \cdot y^2 ,$$

so wird zunächst für die alsdann in senkrechter Richtung einzuführenden f-Kräfte das Krafteck $a\,b\,c\,d\,e\,f$ in Fig. 38b gezeichnet und mit seiner Hilfe das Seileck $a'\,b'\,c'\,d'\,e'$ in Fig. 38a gefunden. Die äußersten Seiten dieses liefern im Punkte i den Angriffspunkt der Mittelkraft $R = \sum f = F$ und somit den Schwerpunkt S und die senkrechte Schwerachse $x\,x$ des Querschnittes. Bringt man auf dieser alle die einzelnen Seileckseiten zum Schnitte, so entstehen im Anschlusse an das Seileck

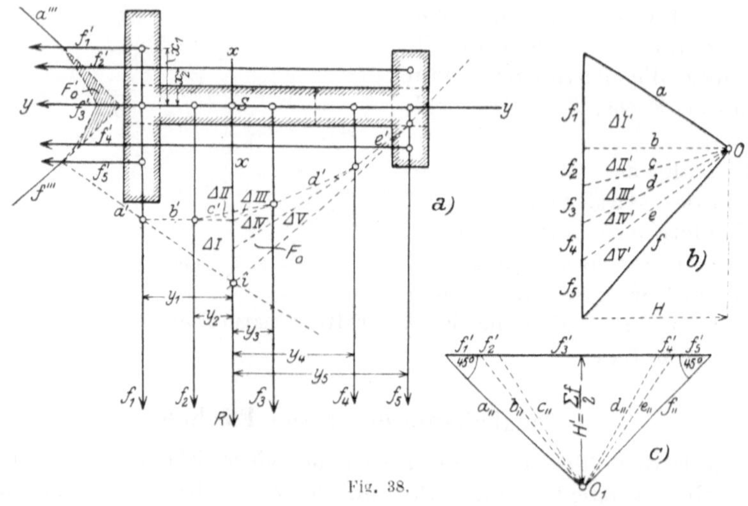

Fig. 38.

fünf Dreiecke $\triangle\,\mathrm{I}$, $\triangle\,\mathrm{II}$, $\triangle\,\mathrm{III}$, $\triangle\,\mathrm{IV}$ und $\triangle\,\mathrm{V}$, die den entsprechenden Dreiecken $\triangle\,\mathrm{I'}$, $\triangle\,\mathrm{II'}$, $\triangle\,\mathrm{III'}$, $\triangle\,\mathrm{IV'}$, $\triangle\,\mathrm{V'}$ im Krafteck, da sie je von parallelen Seiten umschlossen sind, ähnlich sind. Da ähnliche Dreiecke sich verhalten wie die Quadrate ihrer Höhen, so folgt z. B. für das Dreieckpaar $\triangle\,\mathrm{I}$ und $\triangle\,\mathrm{I}'$:

$$\triangle\mathrm{I}:\triangle\mathrm{I}' = y_1^2 : H^2;\quad \triangle\mathrm{I} = \frac{\triangle\mathrm{I}'\,y_1^2}{H^2}\,.$$

Da nun ferner:

$$\triangle\mathrm{I}' = \frac{f_1\,H}{2}$$

ist, so wird weiter:

$$\triangle\mathrm{I} = \frac{f_1\,H\,y_1^2}{2\,H^2}$$

oder:

$$\text{a)}\ \ f_1\,y_1^2 = \triangle\mathrm{I}\cdot 2\,H\,.$$

Eine gleiche Beziehung läßt sich für die Dreiecke $\triangle\mathrm{II}$, $\triangle\mathrm{III}$, $\triangle\mathrm{IV}$ und $\triangle\mathrm{V}$ aufstellen, deren Höhen in bezug auf $x\,x = y_2,\,y_3,\,y_4,\,y_5$ sind, also gleich dem Abstande der Kräfte $f_2,\,f_3,\,f_4,\,f_5$ von der $x\,x$-Achse:

$$\text{b)}\ \ f_2\,y_2^2 = \triangle\mathrm{II}\cdot 2\,H\,,$$

$$\text{c)}\ \ f_3\,y_3^2 = \triangle\mathrm{III}\cdot 2\,H\,,$$

$$\text{d)}\ \ f_4\,y_4^2 = \triangle\mathrm{IV}\cdot 2\,H\,,$$

$$\text{e)}\ \ f_5\,y_5^2 = \triangle\mathrm{V}\cdot 2\,H\,.$$

Addiert man die Gleichungen $a-e$, so ergibt sich:

$$f_1\,y_1^2 + f_2\,y_2^2 + f_3\,y_3^2 + f_4\,y_4^2 + f_5\,y_5^2 = J_x$$
$$= (\triangle\mathrm{I} + \triangle\mathrm{II} + \triangle\mathrm{III} + \triangle\mathrm{IV} + \triangle\mathrm{V})\cdot 2\,H = F_0\cdot 2\,H\,,$$

wenn F_0 die Gesamtfläche darstellt, welche umschlossen wird von dem Seileck und seinen äußersten Seiten. Es erscheint also das Trägheitsmoment in der Form:

$$J_x = F_0\cdot 2\,H\,{}^{1)}.$$

Wählt man nicht, wie zunächst angenommen, den Polabstand beliebig, sondern zeichnet man im **Krafteck** die äußersten **Kraftstrahlen** je unter $45°$ zur Kraftrichtung, so wird:

$$H = \frac{\textstyle\sum f}{2} = \frac{F}{2}$$

und somit:

$$J_x = F_0\,2\,H = F_0\cdot F\,.$$

---

¹) Hierbei ist F_0 im Maßstab der Zeichnung, H im Maßstab des Kraftecks, also in der Einheit der Flächenkräfte, zu messen. J_x erscheint demgemäß, wie es sein muß, als eine Größe vierter Ordnung.

In gleicher Weise ist in Fig. 38a (links), unter Anwendung des Kraftecks in Fig. 38c, also unter Einführung der Flächenkräfte als wagerechte Kräfte, ein Seileck und eine Fläche F_0' gefunden worden, mit deren Hilfe in entsprechender Weise das Trägheitsmoment der Fläche, bezogen auf die wagerechte Schwerachse, abgeleitet wird:

$$J_y = \sum f\, x^2 = F_0'\, 2\, H' = F_0'\, F.$$

Hierbei ist der Querschnitt in die Teile $f_1' = f_5'$, $f_2' = f_4'$ und f_3' zerlegt worden.

Die Ermittlung von Trägheitsmomenten auf zeichnerischem Wege wird alsdann am Platze und der rechnerischen Behandlung vorzuziehen sein, wenn der Querschnitt verwickeltere Formen aufweist.

Zweiter Teil.

Die Grundzüge der Festigkeitslehre.

Vorbemerkung.

In der Festigkeitslehre werden die Formänderungen verfolgt, welche Körper unter den sehr verschiedenartig möglichen Belastungen erfahren, und die Abmessungen und Formen der Körper so bestimmt, daß die Formänderungen und die durch sie hervorgerufenen Spannungen in bestimmten Grenzen verbleiben, bzw. der Nachweis erbracht, daß dies bei gegebenen Abmessungen und Belastungen zu erwarten steht.

Unter der Festigkeit eines Körpers, Stabes usw. wird der Widerstand verstanden, den der Körper einer Trennung seiner Teile durch den Zusammenhang seiner kleinsten Teilchen wirksam entgegensetzt. Hierbei kann die Beanspruchung des Körpers eine einheitliche, nur eine einzige bestimmte Art von Formänderungen hervorrufende, sein, es handelt sich um einfache Festigkeit, oder es kann der Körper, durch mehrere gleichzeitig und verschieden einwirkende Belastungen bedingt, Formänderungen nach verschiedener Richtung erfahren — zusammengesetzte Beanspruchung und Festigkeit.

Für die sich hier abspielenden Vorgänge ist die Kenntnis der Schwerpunktslage der Querschnitte und ihrer höheren Momente — der Trägheits- und Zentrifugalmomente — von besonderer grundlegender Bedeutung; deshalb soll auch zunächst auf diese Fragen, alsdann auf die verschiedenen Arten der Festigkeit eingegangen werden.

3. Kapitel.

Die rechnerische Ermittlung von Schwerpunkten, statischen Momenten und Trägheitsmomenten.

1. Die Schwerpunktsbestimmung für ebene Flächen.

Die Auffindung von Schwerpunkten ebener Flächen hat für die Aufgaben der Festigkeitslehre insofern eine grundlegende Bedeutung, als sie für die Ermittlung der Spannungsverteilung in gebogenen Querschnitten unentbehrlich ist. Zur Ermittlung der Schwerpunkte macht

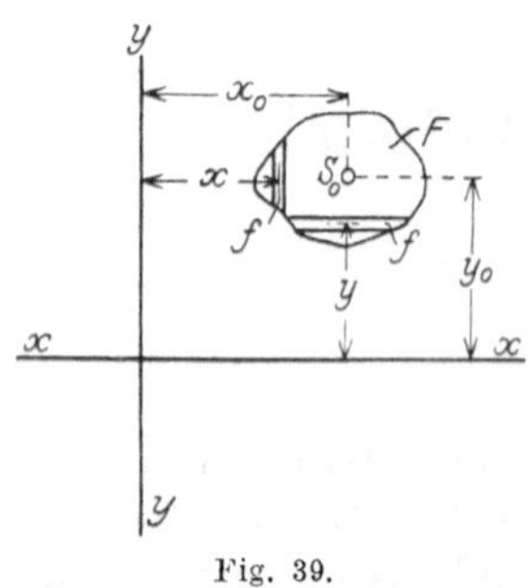

Fig. 39.

man von dem vorstehend (S. 17) bewiesenen Satze Gebrauch, daß die Summe der statischen Momente der Einzelkräfte gleich dem statischen Moment der Mittelkraft aus diesen ist, oder auf ebene Flächen und deren Teile bezogen, daß die Summe der statischen Momente der einzelnen Flächenteile gleich dem Moment der Gesamtfläche ist. Dabei ist es ohne Bedeutung, auf welche Achse diese Beziehung angewendet wird, da das Gesetz unabhängig von einer besonderen Achslage gilt. Hat man in Fig. 39 die Fläche F, deren Schwerpunkt S von der Achse $y\,y$ den Abstand x_0 besitzt, und wird sie in einzelne schmale, zu $y\,y$ parallele Streifen $= f_1$, f_2, f_3 usw. zerlegt, deren Abstände x_1, x_2, x_3 usw. sind, so ist mithin:

$$x_0\,F = f_1\,x_1 + f_2\,x_2 + f_3\,x_3 + \ldots = \sum f \cdot x$$

$$x_0 = \frac{\sum f\,x}{F} = \frac{\sum f\,x}{\sum f}\,.$$

Bezeichnet man $\sum f\,x$ mit M_y, da sie das Moment aller Flächenteilchen auf die y-Achse bezogen darstellt, so wird:

$$x_0 = \frac{M_y}{F}\,.$$

Ebenso läßt sich für die x-Achse die entsprechende Beziehung für den Schwerpunkts-Abstand y_0 der Fläche F von ihr ableiten:

$$y_0 = \frac{\sum f\,y}{F} = \frac{M_x}{F}\,.$$

Nimmt man die Flächenteilchen sehr klein, so tritt an Stelle des $\sum$-Zeichens das $\int$.

$$x_0 = \frac{\int f\,y}{F}\,, \qquad y_0 = \frac{\int f\,x}{F}\,.$$

Verschiebt man die y-Achse um die Strecke e nach links, so nehmen alle x-Werte um dieses Maß e zu, und es ergibt sich:

$$(x_0 + e) = x_0' = \frac{\sum f(x + e)}{F} = \frac{\sum f x + e \sum f}{F} = \frac{\sum f x + F e}{F}.$$

Es vermehrt sich hierbei also das statische Moment M_y um die Größe $F \cdot e$, eine Beziehung, von der man unter Umständen Gebrauch macht.

$$x_0' = \frac{M_y + F e}{F}.$$

Ist die gegebene ebene Fläche nach einer Richtung oder nach beiden (x und y) symmetrisch, so vereinfacht sich die Rechnung, da alsdann der Schwerpunkt in der Symmetrieachse bzw. im Schnittpunkt dieser liegt. Hieraus geht unmittelbar die Lage des Schwerpunktes bei einem **Parallelogramm** und dessen Sonderformen dem **Rechteck**- und **Quadratquerschnitte**, sowie beim **Kreis** und **Ringquerschnitte** als in dem Schnittpunkt der Diagonalen bzw. in Kreismitte liegend, hervor.

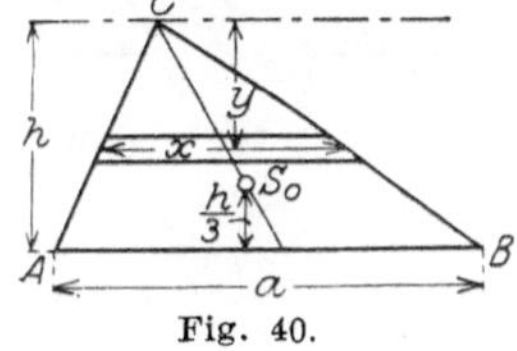

Fig. 40.

Die **Dreiecksfläche** (Fig. **40**) zerlegt man in kleine Streifen parallel zur Grundlinie, deren **Einzelschwerpunkte** sämtlich auf der Mittellinie des Dreiecks durch C liegen. In bezug auf die Spitze des Dreiecks gilt:

$$y_0 = \frac{\sum f y}{F} = \frac{\int_0^h x y \, dy}{\dfrac{a h}{2}}.$$

Da $x : y = a : h$ ist, so wird:

$$x = \frac{y \cdot a}{h}$$

und somit:

$$y_0 = \frac{\int_0^h \dfrac{a}{h} y^2 \, dy}{\dfrac{a h}{2}} = \frac{\dfrac{h^3}{3}}{\dfrac{h^2}{2}} = \tfrac{2}{3} h.$$

Der Schwerpunkt liegt in der Symmetrieachse, und zwar um $\tfrac{2}{3} h$ von der Spitze und $\tfrac{1}{3} h$ von der Grundlinie aus entfernt.

Naturgemäß kann man, da das Dreieck drei Mittellinien hat, den Schwerpunkt auch durch den Schnittpunkt von je zweien von ihnen finden.

Liegt (Fig. 41) ein **Trapez** vor, so kann dies in ein Parallelogramm und ein Dreieck zerteilt werden. Alsdann folgt, bezogen auf die kürzere Parallelseite:

$$y_0 F = y_0 \cdot \frac{b_1 + b_2}{2} \cdot h = \sum f \cdot y = \frac{b_2 - b_1}{2} \cdot h \tfrac{2}{3} h + b_1 \cdot \frac{h^2}{2}$$

$$= \frac{h^2}{6} (2 b_2 - 2 b_1 + 3 b_1) = \frac{h^2}{6} (b_1 + 2 b_2) \, .$$

Hieraus folgt:

$$y_0 = \frac{h (b_1 + 2 b_2)}{3 (b_1 + b_2)} \, .$$

Der Schwerpunkt liegt zudem auf der Mittellinie des Trapezes.

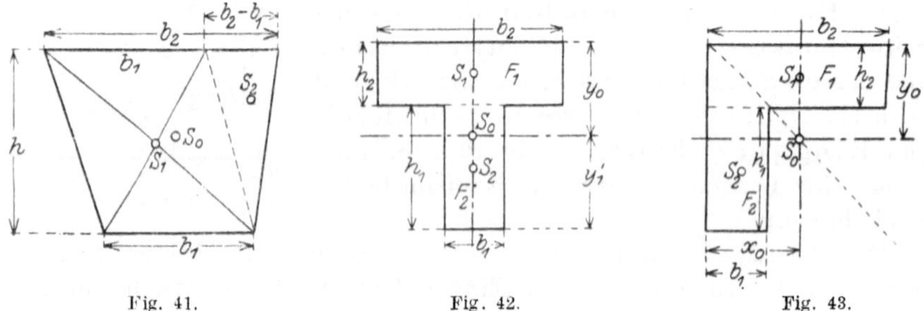

Fig. 41.   Fig. 42.   Fig. 43.

Für den T-Querschnitt in Fig. 42 folgt, bezogen auf die Grundlinie b_2:

$$y_0 F = y_0 (b_2 \cdot h_2 + b_1 h_1) = \sum f \cdot y = b_2 h_2 \cdot \frac{h_2}{2} + b_1 h_1 \left(h_2 + \frac{h_1}{2} \right)$$

$$y_0 = \frac{\dfrac{b_2 h_2^2}{2} + b_1 h_1 \left(h_2 + \dfrac{h_1}{2} \right)}{b_2 \cdot h_2 + b_1 h_1} = \frac{b_2 h_2^2 + b_1 h_1 (2 h_2 + h_1)}{2 (b_2 h_2 + b_1 h_1)} \, .$$

Will man denselben Querschnitt auf die schmale Seite b_1 beziehen, so wird in gleichem Sinne:

$$y_1' = \frac{b_1 h_1^2 + b_2 h_2 (2 h_1 + h_2)}{2 (b_1 h_1 + b_2 h_2)} \, .$$

Man überzeugt sich, als Probe für die Rechnung, daß $y_0 + y_1'$ den Wert $h_1 + h_2$ ergibt[1]).

Für das **Winkeleisen** in Fig. 43 gilt für y_0 dieselbe Gleichung, da

---

[1])
$$\frac{b_2 h_2^2 + b_1 h_1 (2 h_2 + h_1) + b_1 h_1^2 + b_2 h_2 (2 h_1 + h_2)}{2 (b_2 h_2 + b_1 h_1)}$$

$$= \frac{2 b_2 h_2^2 + 2 b_1 h_1^2 + 2 b_1 h_1 h_2 + 2 b_2 h_1 h_2}{2 (b_2 h_2 + b_1 h_1)}$$

$$= \frac{2 (b_2 h_2 + b_1 h_1) (h_1 + h_2)}{2 (b_2 h_2 + b_1 h_1)} = (h_1 + h_2) \text{ w. z. b. w.}$$

es für die statischen Momente, bezogen auf die wagerechte Achse, ohne
Bedeutung ist, ob das Rechteck F_2 die Lage in Fig. 42 oder 43 besitzt. Ist
das Winkeleisen nicht symmetrisch, sind also seine beiden Flanschen
verschieden lang, so ist auch die gleiche Beziehung für die y-Achse
aufzustellen. Hier ergibt sich:

$$x_0 F = x_0 (b_1 h_1 + b_2 h_2) = b_1 h_1 \frac{b_1}{2} + b_2 h_2 \frac{b_2}{2} \, ,$$

$$x_0 = \frac{h_1 b_1^2 + h_2 b_2^2}{2 (b_1 h_1 + b_2 h_2)} \, .$$

Aus y_0 und x_0 folgt die Lage von S_0. Bei symmetrischem Winkel sind
beide Werte gleich; hier kann die Schwerpunktslage auch durch Konstruktion der die Winkel halbierenden Diagonal-Symmetrieachse nach
Bestimmung des Wertes y_0 gefunden werden (Fig. 43).

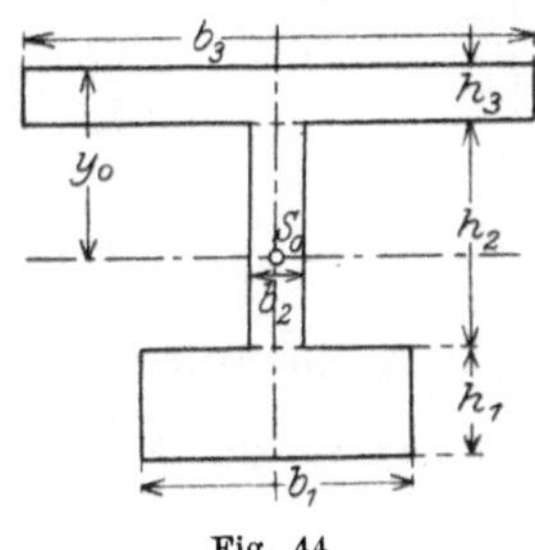

Fig. 44.

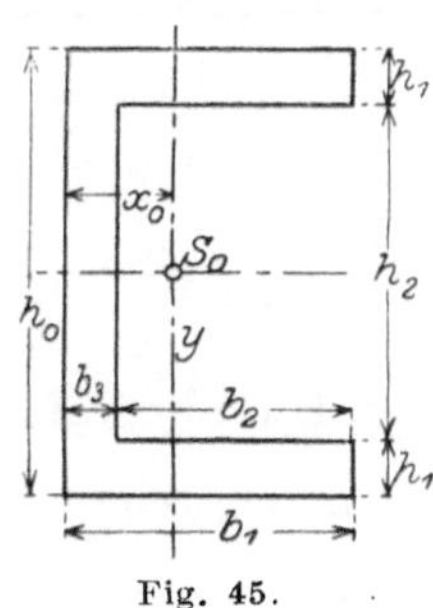

Fig. 45.

In gleicher Weise ergibt sich für die I- bzw. ⊏-Querschnitte in
Fig. 44 und 45:

$$y_0 = \frac{b_3 h_3^2 + b_2 h_2 (2 h_3 + h_2) + b_1 h_1 (2 h_3 + 2 h_2 + h_1)}{2 (b_1 h_1 + b_2 h_2 + b_3 h_3)}$$

bzw. für Fig. 45:

$$y_0 = \frac{h_0}{2}; \quad x_0 = \frac{\dfrac{2 h_1 b_1^2}{2} + \dfrac{h_2 b_3^2}{2}}{2 b_1 h_1 + b_3 h_2} = \frac{2 h_1 b_1^2 + h_2 b_3^2}{2 (2 b_1 h_1 + b_3 h_2)} \, .$$

Die Guldinsche Regel für Umdrehungskörper und ihre Anwendung zur Bestimmung der Schwerpunkte von durch Kurven begrenzten Flächen.

Dreht sich in Fig. 46 das Rechteck $A\,B\,C\,D$ um die y-Achse, die
parallel zu $A\,D$ ist, so bildet sich ein Hohlzylinder von dem Inhalte:

$$V = \pi (r_2^2 - r_1^2) h = \pi (r_2 + r_1)(r_2 - r_1) h = \pi (r_2 + r_1) b \cdot h = 2 \pi \varrho F \, ,$$

da ϱ, der Schwerpunktsabstand des Rechtecks von der Drehachse,

$$\varrho = r_2 - \frac{b}{2} = r_2 - \left(\frac{r_2 - r_1}{2}\right) = \frac{r_2 + r_1}{2}$$

ist. Demgemäß ist der Inhalt des Drehungskörpers (V) gleich dem Wege des Schwerpunkts $(2\varrho\pi)$, multipliziert mit der Fläche (F).

Kennt man F und V, so kann aus dieser Regel die Größe von ϱ, d. h. die Lage des Schwerpunkts, abgeleitet werden.

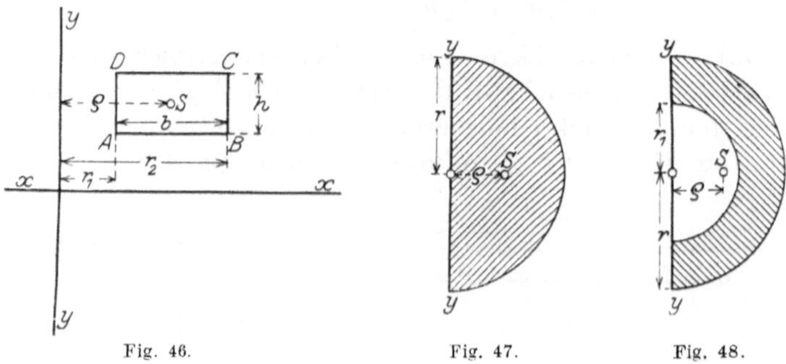

Fig. 46.
Fig. 47.
Fig. 48.

Bei der Halbkreisfläche (Fig. 47) entsteht durch Drehung um den Durchmesser eine Kugel mit $V = \frac{1}{3} r^3 \pi$; da $F = \dfrac{r^2 \pi}{2}$ ist, so wird mithin:

$$V = \tfrac{1}{3} r^3 \pi = 2 \pi \varrho \cdot \frac{r^2 \pi}{2}.$$

$$\varrho = \frac{\frac{1}{3} r^3 \pi}{2 \pi \cdot \dfrac{r^2 \pi}{2}} = \frac{4 r}{3 \pi}.$$

Bei der halben Kreis-Ringfläche (Fig. 48) wird:

$$V = \tfrac{1}{3} \pi (r^3 - r_1^3); \qquad F = \frac{(r^2 - r_1^2)\pi}{2}$$

und somit:

$$\varrho = \frac{\frac{1}{3} \pi (r^3 - r_1^3)}{2 \pi \dfrac{(r^2 - r_1^2)\pi}{2}} = \frac{4 (r^3 - r_1^3)}{3 \pi (r^2 - r_1^2)}.$$

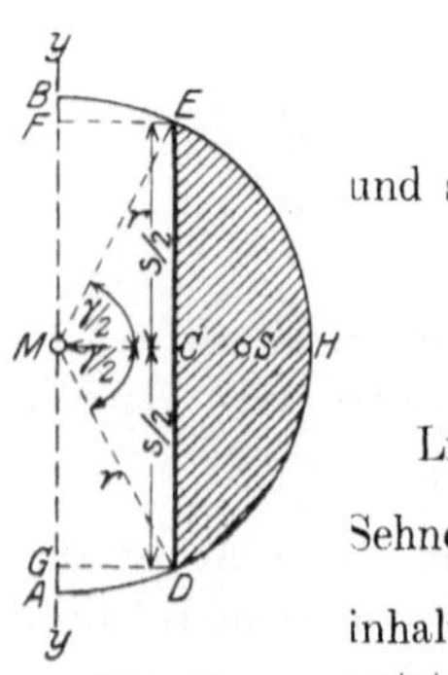

Fig. 49 a.

Liegt ein Kreisabschnitt vor, begrenzt durch die Sehne $2\,\dfrac{s}{2} = s$ in Fig. 49 a, so ist zunächst der Körperinhalt zu finden, der bei der Drehung der Fläche $FEHDG$ entsteht, also der Inhalt der Kugel vermindert um je zwei Kugelabschnitte, die durch die Drehung der Teile FEB und AGD gegeben sind. Für einen solchen Körper gilt die mathematische Beziehung:

$$V_1 = \frac{\pi s}{6}(6\,a^2 + s^2) = \pi s\,a^2 + \frac{\pi s^3}{6}\,,$$

worin a den Abstand der Sehne s vom Mittelpunkt M des Kreises darstellt.

Von diesem Körper V_1 ist der bei Drehung des Kreisabschnittes sich bildende innere Zylinder $V_2 = a^2 \pi s$ abzuziehen, d. h. es wird:

$$V = a^2 \pi s + \frac{\pi s^3}{6} - a^2 \pi s = \frac{\pi s^3}{6}\,,$$

d. h. der Inhalt V ist gleich dem einer Kugel mit dem Radius $= \frac{s}{2}$ [1]). Die Fläche F des Kreisabschnittes folgt (Fig. 49 a) aus:

$$F = \text{Kreisausschnitt } MEHD - \triangle MED$$

$$= r^2 \pi \frac{\gamma^\circ}{360^\circ} - \tfrac{1}{2}\,r^2 \sin\gamma = \frac{r^2}{2}\left(\pi \frac{\gamma^\circ}{180^\circ} - \sin\gamma\right).$$

Demgemäß wird:

$$\varrho = \frac{V}{2\,\pi \cdot F} = \frac{s^3 \pi}{6 \cdot 2\,\pi \frac{r^2}{2}\left(\pi \dfrac{\gamma^\circ}{180^\circ} - \sin\gamma\right)}$$

$$= \frac{s^3}{6\,r^2\left(\pi \dfrac{\gamma^\circ}{180^\circ} - \sin\gamma\right)}.$$

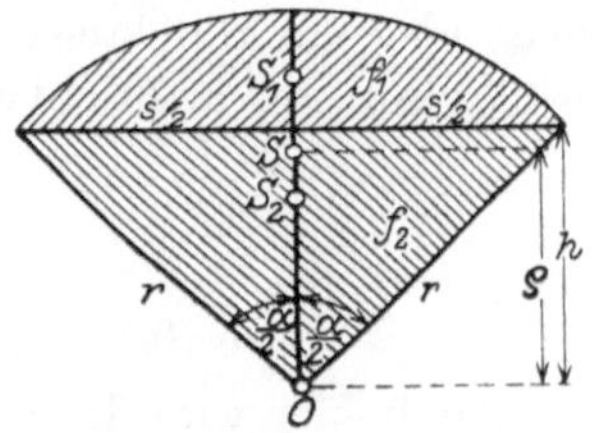

Fig. 49 b.

Hierin ist γ zu finden aus:

$$\sin\frac{\gamma}{2} = \frac{s}{2\,r}.$$

Nach Kenntnis des Schwerpunktes des Kreisabschnittes ist dann auch der S c h w e r p u n k t d e s K r e i s a u s s c h n i t t e s bekannt, da man ihn aus dem Kreisabschnitt und dem Dreieck ableiten kann, von denen beiden die Schwerpunkte bekannt sind. Hier gilt (Fig. 49 b):

$$\varrho \cdot \sum f = f_1 \varrho_1 + f_2 \varrho_2\,,$$

$$\varrho \cdot \left[\frac{r^2}{2}\left(\pi \frac{\alpha^\circ}{180^\circ} - \sin\alpha\right) + \frac{s \cdot h}{2}\right] = \frac{r^2}{2}\left(\pi \frac{\alpha^\circ}{180^\circ} - \sin\alpha\right).$$

$$\frac{s^3}{6\,r^2\left(\pi \dfrac{\alpha^\circ}{180^\circ} - \sin\alpha\right)} + \frac{s \cdot h}{2} \cdot \tfrac{2}{3} h\,;$$

[1]) Für $r = \frac{s}{2}$ wird: $\displaystyle V = \frac{4 \cdot \left(\frac{s}{2}\right)^3 \pi}{3} = \frac{4\,s^3 \pi}{8 \cdot 3} = \frac{s^3 \pi}{6}\,.$

Setzt man hierin:

$$s = 2\,r \sin \frac{\alpha}{2}\,; \qquad h = r \cos \frac{\alpha}{2}\,,$$

so ergibt sich nach Umrechnung:

$$\varrho = \frac{240° \, r \sin \frac{\alpha}{2}}{\pi\,\alpha}{}^{1)}.$$

Ist aber der Schwerpunkt des Kreisausschnittes bekannt, so kann auch der des Ringausschnittes abgeleitet werden aus dem Unterschiede eines größeren und kleineren Ausschnittes mit demselben Mittelpunkt und Mittelwinkel. Das Endergebnis der Rechnung ist (Fig. 49 c):

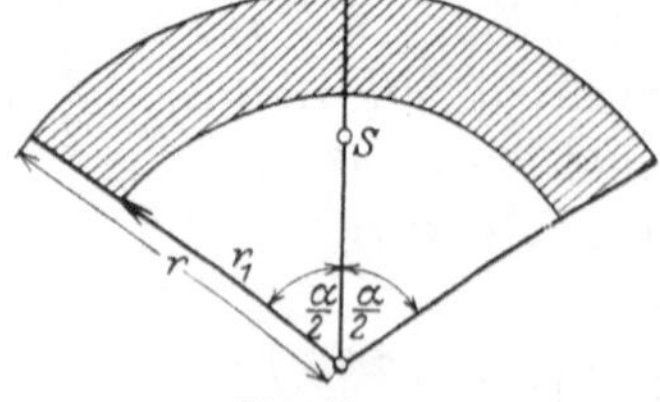

Fig. 49 c.

$$\varrho = \frac{240° \, r \sin \frac{\alpha}{2}}{\pi\,\alpha} \cdot \frac{r^3 - r_1^3}{r^2 - r_1^2}\,.$$

Setzt man:

$$\frac{\alpha}{2} = 90°\,.$$

liegt also ein Halbkreisring vor, so wird $\sin \alpha = 1$, und es ergibt sich, wie schon auf S. 30 entwickelt wurde:

$$\varrho = \frac{4\,(r^3 - r_1^3)}{3\,\pi\,(r^2 - r_1^2)}\,.$$

Die Schwerpunktsbestimmung von Linien.

Auch hier wird die Guldinsche Regel, und zwar in Verbindung mit Drehungsflächen zur Lösung herangezogen.

---

[1]) Für $\sum f$ ergibt sich:

$$\frac{r^2}{2}\left(\pi \frac{\alpha}{180} - \sin \alpha\right) + \frac{2\,r \sin \frac{\alpha}{2}\, r \cos \frac{\alpha}{2}}{2} = \frac{r^2}{2}\left(\pi \frac{\alpha}{180} - \sin \alpha + \sin \alpha\right) = \frac{r^2}{2}\,\pi \frac{\alpha}{180}\,.$$

Weiter vereinfacht sich die rechte Seite der Gleichung:

$$\frac{r^2}{2}\frac{s^3}{6\,r^2} + \frac{2\,r \sin \frac{\alpha}{2} \cdot r \cos \frac{\alpha}{2}}{2}\,\tfrac{2}{3}\,r \cos \frac{\alpha}{2} = \frac{\left(2\,r \sin \frac{\alpha}{2}\right)^3}{12} + \tfrac{2}{3}\,r^3 \sin \frac{\alpha}{2} \cos^2 \frac{\alpha}{2}$$

$$= \tfrac{2}{3}\,r^3\left(\sin \frac{\alpha}{2}^3 + \sin \alpha \cos^2 \frac{\alpha}{2}\right) = \tfrac{2}{3}\,r^3 \sin \frac{\alpha}{2}\left(\sin^2 \frac{\alpha}{2} + \cos^2 \frac{\alpha}{2}\right) = \tfrac{2}{3}\,r^3 \sin \frac{\alpha}{2}\,.$$

Demgemäß wird:

$$\varrho = \frac{\tfrac{2}{3}\,r^3 \sin \frac{\alpha}{2}}{\frac{r^2}{2}\,\pi \frac{\alpha}{180}} = \frac{240\,r \sin \frac{\alpha}{2}}{\pi\,\alpha}\,.$$

Dreht sich (Fig. 50) die Linie s um die Achse yy, so beschreibt sie einen Kegelmantel mit der Fläche:

$$F = (r + r_1)\,\pi \cdot s \cdot = 2\left(\frac{r + r_1}{2}\right)\pi s = 2\,\varrho\,\pi s\,,$$

worin ϱ den Schwerpunktsabstand der körperlich gedachten Linie von der y-Achse darstellt. Demgemäß ergibt sich hier der Satz:

Die Fläche ist gleich dem Schwerpunktsweg $(2\varrho\pi)$ multipliziert mit der Länge der Linie.

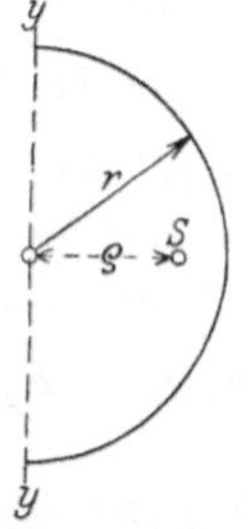
Fig. 50

Das Gesagte gilt in gleicher Weise für jede Linie, also auch Kurve, die man sich aus einzelnen kleinen Stücken gerader Linien zusammengesetzt denken kann: $s_1 s_2 s_3 \ldots$ mit den Schwerpunktabständen $\varrho_1 \varrho_2 \varrho_3 \ldots$ Dann wird:

$$F = 2\,\varrho_1\,\pi\,s_1 + 2\,\varrho_2\,\pi\,s_2 + 2\,\varrho_3\,\pi\,s_3 + \ldots = 2\,\pi(\varrho_1 s_1 + \varrho_2 s_2 + \varrho_3 s_3 + \ldots)\,.$$

Denkt man sich den Schwerpunkt (S in Fig. 50) des gesamten Linienzuges (s) gebildet und ist sein Abstand von der y-Achse $= \varrho$, so wird nach dem Gesetz der statischen Momente (s. S. 17 u. 18):

$$\varrho\,s = \varrho_1\,s_1 + \varrho_2\,s_2 + \varrho_3\,s_3 + \ldots$$

und somit:

$$F = 2\,\pi\,\varrho\,s\,; \qquad \varrho = \frac{F}{2\,\pi\,s}\,.$$

Ist bei einer Kurve die Bogenlänge $= b$ bekannt und kennt man die durch sie erzeugte Umdrehungsfläche, so wird in gleicher Weise:

$$\varrho = \frac{F}{2\,\pi\,b}\,.$$

Aus der Halbkreislinie ergibt sich (Fig. 51) $F = 4\,r^2\,\pi$, gleich der Oberfläche der Kugel

$$= 2\,\pi\,\varrho\,b = 2\,\pi\,\varrho\,r\,\pi:$$

$$\varrho = \frac{F}{2\,\pi\,b} = \frac{4\,r^2\,\pi}{2\,\pi\,r\,\pi} = \frac{2\,r}{\pi} = 0{,}636\,r\,.$$

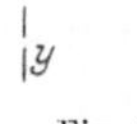
Fig. 51.   Fig. 52.

Liegt (Fig. 52) ein Kreissegmentbogen vor, so ist $F = 2\,r\,\pi\,s$ gleich der Oberfläche einer Kugelzone und:

$$b = r\,\pi\,\frac{\alpha^\circ}{180^\circ}\,.$$

Demgemäß wird:

$$\varrho = \frac{F}{2\,\pi\,b} = \frac{2\,r\,\pi\,s}{2\,\pi\,b} = \frac{r\,s}{b} = \frac{r\,s}{r\,\pi\,\dfrac{\alpha^{\circ}}{180^{\circ}}} = \frac{s}{\pi\,\dfrac{\alpha^{\circ}}{180^{\circ}}}\,.$$

Im Falle, daß $\alpha = 180°$ wird, d. h. ein Halbkreis vorliegt, also auch für s der Wert $2\,r$ einzuführen ist, geht diese Gleichung in die oben entwickelte über:

$$\varrho = \frac{2\,r}{\pi}\,.$$

Ersetzt man in der obigen Gleichung s durch seinen Wert $2\,r\sin\dfrac{\alpha}{2}$, so ist:

$$\varrho = \frac{2\,r^2\sin\dfrac{\alpha}{2}}{b} = \frac{2\,r\sin\dfrac{\alpha}{2}}{\pi\,\dfrac{\alpha^{\circ}}{180^{\circ}}}\,.$$

2. Beziehungen zwischen Trägheitsmomenten für verschiedene Achsen.

a) Die aufeinander senkrecht stehenden Achsenpaare gehen durch ein und denselben Punkt.

Unter Beziehung auf ein rechtwinklig angenommenes Achsenkreuz x, y, bezeichnet man das Produkt aus den Summen aller Querschnittsteilchen (dF), multipliziert je mit dem Quadrate ihrer Abstände von der Achse, wie schon auf S. 21 hervorgehoben wurde, mit dem (aus der Dynamik abgeleiteten) Namen des **Trägheitsmomentes:**

$$J_x = \int y^2\,dF \text{ in bezug auf die } x\text{-Achse,}$$

$$J_y = \int x^2\,dF \text{ in bezug auf die } y\text{-Achse}$$

und mit $J_{xy} = \int x\,y\,dF$ das **Zentrifugalmoment.**

Sind nur wenige endliche Querschnittsteile vorhanden, so kann an Stelle des $\int$ das Summenzeichen treten:

$$J_x = F_1\,y_1^2 + F_2\,y_2^2 + F_3\,y_3^2 + \ldots = \sum f\cdot y^2$$

und ebenso:

$$J_y = \sum f\,x^2\,; \qquad J_{xy} = \sum f\cdot x\cdot y\,.$$

Dreht man das rechtwinklige Achsenkreuz $x\,y$ um den $\sphericalangle\,\alpha$ in die Lage $x'\,y'$, so sind die neuen Koordinaten (vgl. Fig. 53):

$$y' = y\cos\alpha - x\sin\alpha$$

$$x' = y\sin\alpha + x\cos\alpha\,,$$

und demgemäß werden jetzt die Querschnittsmomente:

$$1. \quad J_{x'} = \int y'^2\, dF = \cos^2\alpha \int y^2\, dF + \sin^2\alpha \int x^2\, dF - 2\sin\alpha\cos\alpha \int x\,y\, dF \; ,$$

$$2. \quad J_{y'} = \int x'^2\, dF = \sin^2\alpha \int y^2\, dF + \cos^2\alpha \int x^2\, dF + 2\sin\alpha\cos\alpha \int x\,y\, dF \; ,$$

$$3. \quad J_{x'y'} = \sin\alpha\cos\alpha\left(\int y^2\, dF - \int x^2\, dF\right) + (\cos^2\alpha - \sin^2\alpha) \int x\,y\, dF \; .$$

Setzt man hierin für $\int y^2\, dF$ bzw. $\int x^2\, dF$ bzw. $\int x\,y\, dF$ ihre Werte ein, so stellt sich ein Zusammenhang zwischen den J_x-, $J_{x'}$-, J_y- und $J_{y'}$-Werten heraus:

$$\text{a)} \quad J_{x'} = J_x \cos^2\alpha + J_y \sin^2\alpha - J_{xy}\sin 2\alpha \; ,$$

$$\text{b)} \quad J_{y'} = J_x \sin^2\alpha + J_y \cos^2\alpha + J_{xy}\sin 2\alpha \; ,$$

$$\text{c)} \quad J_{y'x'} = \tfrac{1}{2}(J_x - J_y)\sin 2\alpha + J_{xy}\cos 2\alpha \; .$$

Durch die Addition von a) und b) folgt:

$$J_{x'} + J_{y'} = J_x(\cos^2\alpha + \sin^2\alpha) + J_y(\sin^2\alpha + \cos^2\alpha) = J_x + J_y \; , \quad \text{d. h.}$$

Die Summe der Trägheitsmomente, bezogen auf irgend zwei durch einen und denselben Punkt gehende rechtwinklige Achsen, ist konstant.

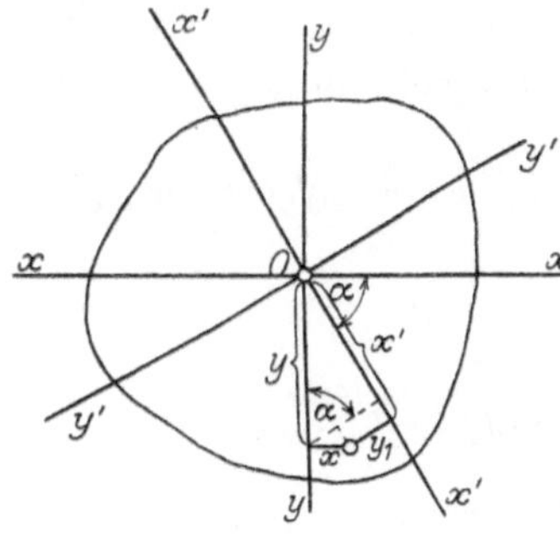

Fig. 53.

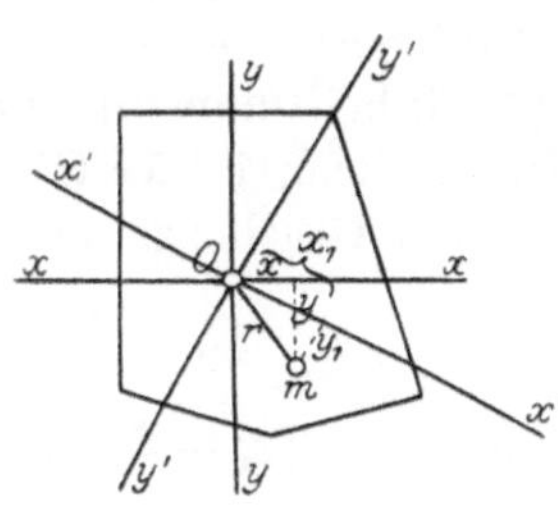

Fig. 54.

Bezeichnet man (Fig. 54) mit dem Ausdruck des **polaren Trägheitsmomentes** des Querschnitts auf einen in der Ebene des Querschnitts gelegenen Punkt O bzw. eine hier senkrechtstehende Achse die Größe:

$$J_p = \int r^2\, dF \; ,$$

so wird, da $r^2 = x^2 + y^2$ ist:

$$J_p = \int (x^2 + y^2)\, dF = J_y + J_x \; .$$

Wählt man auch hier ein beliebiges anderes senkrechtes Achsensystem $x'\,y'$ durch denselben Anfangspunkt, so gilt auch hier:

$$r^2 = x_1^2 + y_1^2 \; , \quad \text{d. h. } J_p = J_{y'} + J_{x'} \; .$$

Durch Gleichsetzung der beiden J_p-Werte folgt unmittelbar:

$$J_y + J_x = J_{y'} + J_{x'} \; ,$$

d. h. der Beweis der Richtigkeit des oben entwickelten Gesetzes auf einem anderen Wege.

Führt man in die obige Gleichung für $J_{x'}$ (a) die trigonometrischen Beziehungen ein:

$$\cos^2\alpha = \frac{1 + \cos 2\,\alpha}{2}\,, \qquad \sin^2\alpha = \frac{1 - \cos 2\,\alpha}{2}\,,$$

so erhält $J_{x'}$ den Wert:

$$\text{d)}\quad J_{x'} = \tfrac{1}{2}(J_x + J_y) + \tfrac{1}{2}(J_x - J_y)\cos 2\,\alpha - J_{xy}\sin 2\,\alpha\,.$$

Dieser Wert erhält einen Größt- bzw. Kleinstwert, sobald die erste Abgeleitete:

$$- \tfrac{1}{2}(J_x - J_y)\sin 2\,\alpha - J_{xy}\cos 2\,\alpha = 0$$

ist, d. h. für:

$$\operatorname{tg} 2\,\alpha = \frac{-2\,J_{xy}}{J_x - J_y}\,.$$

Dieser Gleichung genügen 2 Winkel α, die sich voneinander um $90°$ unterscheiden. Die Achsen, für die der Größt- bzw. Kleinstwert von J eintritt, stehen also senkrecht zueinander. Sie führen den Namen **Hauptachsen;** die auf sie bezogenen Trägheitsmomente werden als **Haupttragheitsmomente** bezeichnet.

Ersetzt man in der Gleichung für $J_{x'y'}$ (c) den Wert für J_{xy} durch den obigen Gleichungswert:

$$J_{xy} = - \tfrac{1}{2}\operatorname{tg} 2\,\alpha\,(J_x - J_y)\,,$$

so wird:

$$J_{x'y'} = \tfrac{1}{2}(J_x - J_y)\sin 2\,\alpha - \tfrac{1}{2}\operatorname{tg} 2\,\alpha\,(J_x - J_y)\cos 2\,\alpha$$

$$= \tfrac{1}{2}(J_x - J_y)(\sin 2\,\alpha - \operatorname{tg} 2\,\alpha\cos 2\,\alpha)$$

$$= \tfrac{1}{2}(J_x - J_y)(\sin 2\,\alpha - \sin 2\,\alpha) = 0\,,$$

d. h. das Zentrifugalmoment für die Hauptachsen ist gleich 0. Da für jede Symmetrieachse das Zentrifugalmoment

$$J_{xy} = \int x \cdot y \cdot dF = 0$$

ist, so ist zugleich auch jede Symmetrieachse Hauptachse, und somit sind weiter die auf zwei zueinander senkrecht stehende Symmetrieachsen bezogenen Trägheitsmomente auch Hauptträgheitsmomente.

Bezeichnet man die Hauptträgheitsmomente mit J_1 und J_2, so wird für ein anderes senkrechtes Achsenkreuz:

$$\text{e)}\quad J_x = J_1\cos^2\alpha + J_2\sin^2\alpha\,,$$

$$\text{f)}\quad J_y = J_1\sin^2\alpha + J_2\cos^2\alpha = J_1 + J_2 - J_x\,.$$

$$\text{g)}\quad J_{xy} = \tfrac{1}{2}(J_1 - J_2)\sin 2\,\alpha\,.$$

Diese Gleichungen sind aus den allgemeinen Beziehungen unter a, b, c abgeleitet, wobei berücksichtigt ist, daß für die Achsen der Hauptträgheitsmomente der Wert $J_{xy} = 0$ ist.

Setzt man in die Gleichung (d):

$$J_{x'} = \tfrac{1}{2}(J_x + J_y) + \tfrac{1}{2}(J_x - J_y)\cos 2\,\alpha - J_{xy}\sin 2\,\alpha$$

den Wert J_{xy} aus der Beziehung:

$$\operatorname{tg} 2\,\alpha = -\frac{2\,J_{xy}}{J_x - J_y}$$

ein, so ergibt sich:

$$J_{x'} = J_1 = \tfrac{1}{2}(J_x + J_y) + \tfrac{1}{2}(J_x - J_y)\cos 2\,\alpha + \tfrac{1}{2}\operatorname{tg}2\,\alpha\,(J_x - J_y)\sin 2\,\alpha$$

$$= \tfrac{1}{2}(J_x + J_y) + \tfrac{1}{2}(J_x - J_y)\cos 2\,\alpha\,(1 + \operatorname{tg}^2 2\,\alpha)$$

$$= \tfrac{1}{2}(J_x + J_y) + \tfrac{1}{2}(J_x - J_y)\sqrt{1 + \operatorname{tg}^2 2\,\alpha}\,,$$

und demgemäß unter Einführung des obigen Wertes von $tg\,2\,\alpha$:

$$\text{h)}\quad J_1 = \tfrac{1}{2}(J_x + J_y) + \tfrac{1}{2}(J_x - J_y)\sqrt{1 + \left(\frac{2\,J_{xy}}{J_x - J_y}\right)^2}$$

$$= \tfrac{1}{2}(J_x + J_y) + \tfrac{1}{2}(J_x - J_y)\sqrt{\frac{(J_x - J_y)^2 + 4\,J_{yx}^2}{(J_x - J_y)^2}}$$

$$= \tfrac{1}{2}(J_x + J_y) + \tfrac{1}{2}\sqrt{(J_x - J_y)^2 + 4\,J_{yx}^2} = J_{\max}\,,$$

und ebenso entwickelt sich:

$$\text{i)}\quad J_2 = \tfrac{1}{2}(J_x + J_y) - \tfrac{1}{2}\sqrt{(J_x - J_y)^2 + 4\,J_{yx}^2} = J_{\min}\,.$$

Liegt ein Querschnitt vor, bei dem $J_x = J_y$ ist, z. B. ein gleichschenkliges Winkeleisen, so wird:

$$J_{\max} = J_1 = J_x + J_{xy}\,;\qquad J_{\min} = J_2 = J_y - J_{xy}\,.$$

b) Eine durch den Schwerpunkt des Querschnitts gehende Achse wird parallel verschoben.

Wird die Achse $x\,x$ in Fig. 55 um die Entfernung a parallel zu sich verschoben, so haben die einzelnen kleinen Querschnittsteilchen, die vorher einen Abstand von y von der x-Achse hatten, jetzt einen Abstand von $(y \pm a)$, je nachdem sie jetzt weiter entfernt von der neuen Achse (x'') liegen $(+)$ oder näher an sie herangerückt sind. Demgemäß folgt jetzt das Trägheitsmoment auf die neue $x''\,x''$-Achse aus der Erklärung dieses:

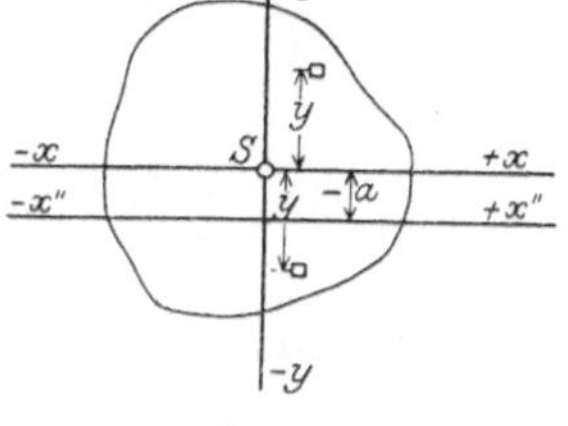

Fig. 55.

$$J_{x''} = \sum f(y \pm a)^2 = \sum f y^2 \pm \sum f\,2\,y\,a + \sum f \cdot a^2\,.$$

In dieser Gleichung bedeutet der erste Summand $\sum f\,y^2$ das Trägheitsmoment des Querschnitts auf die x-Achse $= J_x$; der zweite Summand $\sum f\,2\,y\,a = 2\,a\sum f\cdot y$ ist das mit $2\,a$ erweiterte statische Moment des Querschnitts, bezogen auf die Schwerachse $x\,x$, und hat, da in letzterer die Fläche statisch vereinigt ist, einen Wert $= 0$. Der dritte Summand endlich stellt dar: $\sum f\,a^2 = a^2\sum f$, ein Produkt aus der Gesamtfläche, multipliziert mit dem Quadrate der Entfernung der parallelen Achsen. Demgemäß führt die oben gefundene Beziehung $J_{x''} = J_x + a^2 F$ zu dem Gesetze:

Das Trägheitsmoment, bezogen auf eine Achse parallel zu einer Schwerachse, ist gleich dem Trägheitsmoment auf diese und der Gesamtfläche, multipliziert mit dem Quadrate des Abstandes der beiden Achsen.

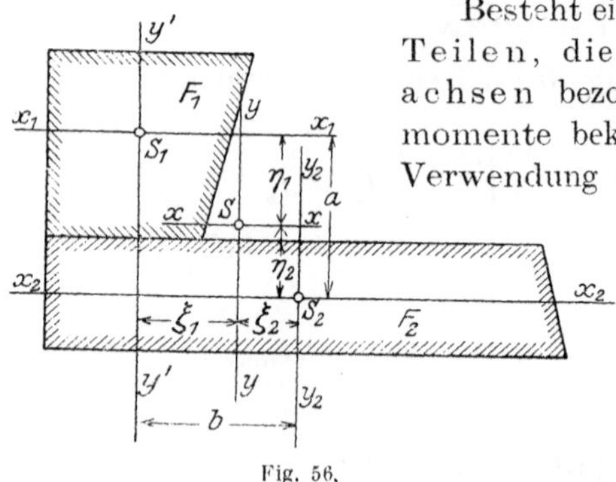

Fig. 56.

Besteht ein Querschnitt aus mehreren Teilen, die je auf senkrechte Schwerachsen bezogen und deren Einzelträgheitsmomente bekannt sind, so kann man unter Verwendung des oben hergeleiteten Gesetzes auch das Trägheitsmoment des gesamten Querschnitts aus den gegebenen Einzelgrößen bilden.

Liegt z. B. ein aus zwei Teilen bestehender Querschnitt nach Fig. 56 vor, bei dem von Teil F_1 gegeben sind J_{x_1}, J_{y_1}, $J_{x_1 y_1}$, und ebenso von Teil F_2 die Größen J_{x_2}, J_{y_2}, $J_{x_2 y_2}$, so ergibt sich im Hinblick auf die Figur und deren Bezeichnungen:

$$J_x = J_{x_1} + F_1\,\eta_1^2 + J_{x_2} + F_2\,\eta_2^2\;.$$

Da in S die Gesamtquerschnittsfläche $(F_1 + F_2)$ vereinigt ist, so ergibt sich aus der Beziehung der statischen Momente auf S_1:

$$\eta_1(F_1 + F_2) = F_2(\eta_1 + \eta_2) = F_2\cdot a$$

und somit:

$$\eta_1 = \frac{F_2\,a}{F_1 + F_2}\;; \qquad \text{ebenso ist für } S_2: \quad \eta_2 = \frac{F_1\,a}{F_1 + F_2}$$

Hieraus folgt:

$$F_1\,\eta_1^2 + F_2\,\eta_2^2 = \frac{F_1\,F_2^2\,a^2}{(F_1 + F_2)^2} + \frac{F_2\,F_1^2\,a^2}{(F_1 + F_2)^2} = \frac{F_1\,F_2\cdot a^2}{F_1 + F_2}\;;$$

und somit ergibt sich:

$$J_x = J_{x_1} + J_{x_2} + \frac{F_1 F_2\, a^2}{F_1 + F_2}$$

und ebenso (vgl. Fig. 56):

$$J_y = J_{y_1} + J_{y_2} + \frac{F_1 F_2\, b^2}{F_1 + F_2}\; ;$$

$$J_{xy} = J_{x_1 y_1} + J_{x_2 y_2} + F_1\, \eta_1\, \xi_1 + F_2\, \eta_2\, \xi_2{}^1)\; ;$$

$$J_{xy} = J_{x_1 y_1} + J_{x_2 y_2} + \frac{F_1 F_2\, a \cdot b}{F_1 + F_2}\; .$$

Sind die Schwerachsen der Flächenteile F_1 und F_2 Hauptachsen, also deren Zentrifugalmomente je $= 0$, so wird:

$$J_{xy} = \frac{F_1 F_2\, a b}{F_1 + F_2}\; .$$

Die Gleichungen sind wertvoll, weil sie die Ermittlung der Trägheitsmomente usw. der Gesamtfläche auf deren Schwerachsen gestatten, ohne daß deren Schwerpunkt erst vorher bestimmt zu werden braucht, vgl. das Zahlenbeispiel auf S. 52.

3. Die Berechnung der Trägheitsmomente der wichtigsten ebenen Querschnitte.

Da die für Berechnungen des Hochbaues vorkommenden Flächen sich in der Regel in Rechtecke bzw. Parallelogramme und Dreiecke zerlegen lassen, so wird auch die Bestimmung der Trägheitsmomente für diese besondere Bedeutung haben.

Bezieht man beim Parallelogramm (Fig. 57 a) mit der Grundlinie $= b$ und der Höhe $= h$ dessen Trägheitsmoment auf die

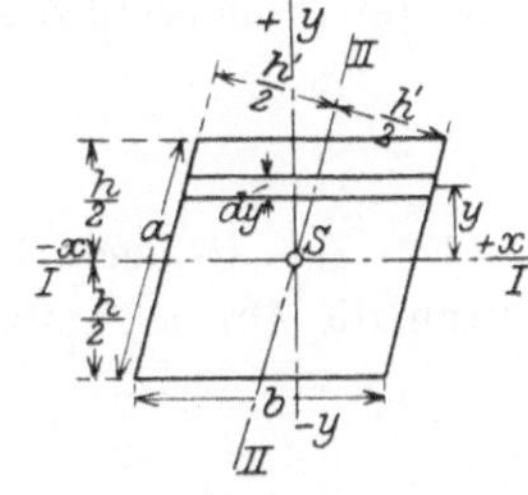

Fig. 57 a.

---

^{1}) Bezieht man das Zentrifugalmoment $J_{x_1 y_1}$ des Flächenteils F_1 auf den Punkt S mit den Abständen η_1 und ξ_1 von S_1, so ist:

$$J_{xy} = \sum dF (x_1 + \xi_1) \cdot (y_1 + \eta_1) = \sum dF\, x_1 y_1 + \sum dF\, \xi_1 \eta_1 + \sum dF\, x_1 \eta_1 + \sum dF\, y_1 \xi_1 .$$

Da die letzten beiden Summanden die statischen Momente des Flächenteils F_1, bezogen auf seinen Schwerpunkt, nur mit η_1 bzw. ξ_1 erweitert, darstellen, also je $= 0$ sind, ferner $\sum dF\, \xi_1 \eta_1 = F_1 \xi_1 \eta_1$ ist, so wird:

$$J_{xy} = \sum dF\, x_1 y_1 + F_1 \xi_1 \eta_1 = J_{x_1 y_1} + F_1 \eta_1 \xi_1 .$$

Von diesem Gesetz ist obenstehend Gebrauch gemacht worden (für F_1 und F_2).

zu b parallele Schwerpunktachse, also die Hauptachse II, so ist:

$$J_x = J_1 = \int\limits_{-\frac{1}{2}h}^{+\frac{1}{2}h} y^2 \, dF$$

und da $dF = b\,dy$ ist:

$$J_1 = \int\limits_{-\frac{1}{2}h}^{+\frac{1}{2}h} y^2\, b\, dy = b\left[\frac{(\frac{1}{2}h)^3}{3} + \frac{(\frac{1}{2}h)^3}{3}\right] = \frac{b\,h^3}{12}\,.$$

Ebenso ergibt sich für die andere Schwerachse bei den Abmessungen: Grundlinie $= a$ und Höhe $= h'$:

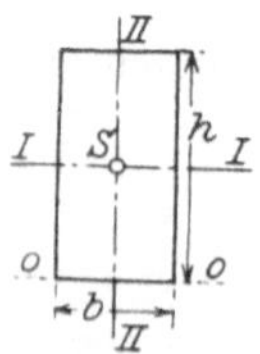
Fig. 57 b.

$$J_2 = \frac{a\,h'^3}{12}\,.$$

In gleicher Weise ist für **das Rechteck** (Fig. 57 b) mit den Seiten b und h:

$$J_1 = \frac{b\,h^3}{12}\,; \qquad J_2 = \frac{h\,b^3}{12}\,.$$

Handelt es sich hier um das Trägheitsmoment für die Achse 00, d. h. die eine Begrenzungslinie b als Achse, so ist:

$$J_0 = \frac{b\,h^3}{12} + F\cdot\left(\frac{h}{2}\right)^2 = \frac{b\,h^3}{12} + b\,h\,\frac{h^2}{4} = \frac{b\,h^3}{3}\,.$$

Für den Sonderfall des **Quadrates** mit der Seite $= a$ wird:

$$J_1 = J_2 = \frac{a^4}{12}\,; \qquad J_0 = \frac{a^4}{3}\,.$$

Für das **Dreieck** (Fig. 58) ergibt sich in bezug auf eine Achse xx, durch die Dreiecksspitze und parallel zur Grundlinie b gelegt, bei einer Dreieckshöhe $= h$:

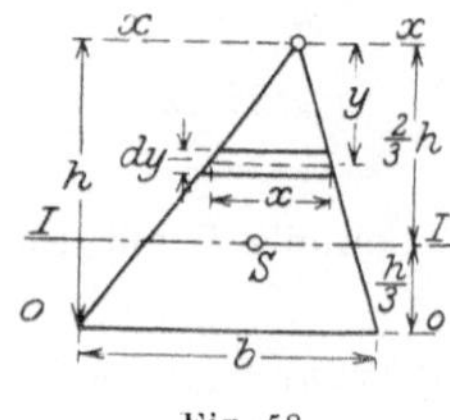
Fig. 58.

$$J_x = \int\limits_0^h y^2\, dF\,;$$

hierin ist der kleine Flächenstreifen parallel zu b:

$$dF = x\cdot dy = \frac{b\,y}{h}\,dy$$

$$J_x = \int\limits_0^h \frac{b\cdot y}{h}\, y^2\, dy = \frac{b}{h}\,\frac{y^4}{4}\Big|_0^h = \frac{b\,h^3}{4}\,.$$

Hieraus folgt das Trägheitsmoment auf die zu b parallele Schwera c h s e $I\,I$:

$$J_1 = J_x - F \cdot \left(\frac{2}{3}\,h\right)^2 = \frac{b\,h^3}{4} - \frac{b\,h}{2}\,\frac{4}{9}\,h^2 = \frac{b\,h^3}{4} - \frac{2\,b\,h^3}{9} = \frac{b\,h^3}{36}\,.$$

Bezieht man das Trägheitsmoment auf die Grundlinie des Dreiecks als Achse, so wird:

$$J_0 = \frac{b\,h^3}{36} + \frac{b\,h}{2} \cdot \left(\frac{1}{3}\,h\right)^2 = \frac{b\,h^3}{36} + \frac{b\,h^3}{18} = \frac{b\,h^3}{12}\,.$$

Will man das Trägheitsmoment des Kreises in bezug auf den Mittelpunkt dieses, also das polare Trägheitsmoment, bilden, so kann der Kreis (Fig. 59) als aus lauter einzelnen, differential kleinen Dreiecken bestehend angesehen werden, die alle ihre Spitze im Kreismittelpunkt haben und deren Grundlinie das kleine Stück des Kreisumfanges „b" darstellt. Für das einzelne kleine Dreieck gilt alsdann der vorstehend für die Achse durch die Dreiecksspitze entwickelte J_x-Wert:

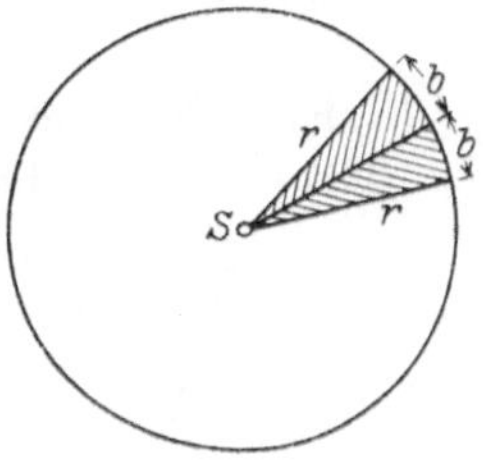

$$J_x = \frac{b\,h^3}{4} = \frac{b\,r^3}{4}\,.$$

Fig. 59.

Für die Gesamtheit aller Dreiecke, also den Kreisquerschnitt, wird demgemäß das polare Trägheitsmoment:

$$J_P = \frac{r^3}{4}\sum b = \frac{r^3}{4}\,2\,r\,\pi = \frac{r^4\,\pi}{2}\,.$$

Führt man $\dfrac{d}{2} = r$ ein, so ist: $J_P = \dfrac{d^4\,\pi}{32}\,.$

Will man das Trägheitsmoment des Kreises für den Kreisdurchmesser $I\,I = J_1$ entwickeln, so drückt sich dieses aus (Fig. 60):

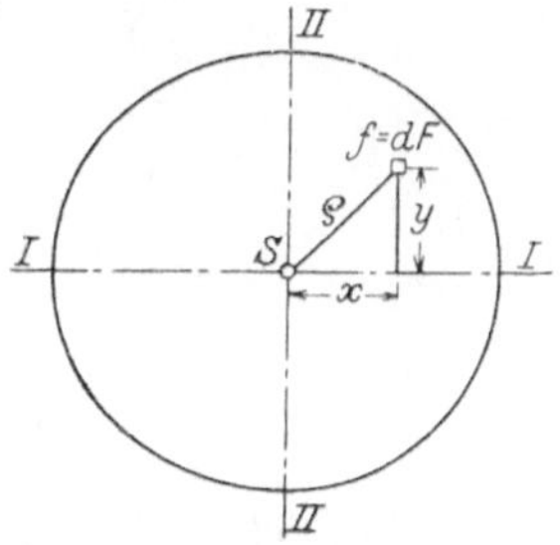

$$J_1 = \sum y^2\,dF$$

und auf Achse $I\!I\;I\!I$:

$$J_2 = \sum x^2\,dF\,.$$

Für den Mittelpunkt des Kreises wird:

$$J_p = \sum \varrho^2\,dF = \sum (x^2 + y^2)\,dF$$
$$= \sum x^2\,dF + \sum y^2\,dF = J_2 + J_1\,.$$

Fig. 60.

Da bei der Symmetrie der Kreisfläche und dem Bezug der J-Werte auf die Hauptachsen $J_1 = J_2$ wird, so folgt:

$$J_1 = J_2 = \frac{J_p}{2} = \frac{r^4\,\pi}{4} = \frac{d^4\,\pi}{64}\,.$$

Hieraus ergibt sich alsdann weiter das Trägheitsmoment des Kreisringquerschnitts mit den Durchmessern D bzw. d (vgl. Fig. 61):

$$J_1 = J_2 = \frac{(D^4 - d^4)\,\pi}{64}\,.$$

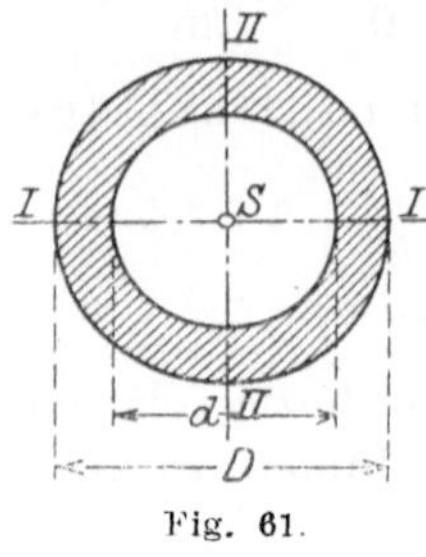

Fig. 61.

Liegen Querschnitte vor, die aus Kreisflächen bzw. einzelnen Rechtecken usw. zusammengesetzt sind, so werden die entsprechenden Trägheitsmomente durch Anwendung der vorstehend entwickelten Ergebnisse und der allgemeinen Beziehung: $J_x = J_1 + a^2 F$ (vgl. S. 38) abgeleitet. Hierüber geben die nachfolgenden beispielsweisen Ermittlungen Aufschluß:

1. Für den aus 5 Kreispfählen gebildeten Pfeilerquerschnitt in Fig. 62 ergibt sich für Achse $I\,I$:

$$J_1 = 3\,\frac{d^4\pi}{64} + 2\left(\frac{d^4\pi}{64} + \frac{d^2\pi}{4}\cdot a^2\right) = 5\,\frac{d^4\pi}{64} + \frac{d^2\pi}{2}\,a^2\,.$$

Derselbe Wert zeigt sich für Achse $II\,II$ und auch für die unter $45°$ zur Achse $I\,I$ geneigte Schwerachse $x\,x$:

$$J_x = \frac{d^4\pi}{64} + 4\left(\frac{d^4\pi}{64} + \frac{d^2\pi}{4}\,c^2\right)\,; \qquad (2\,c)^2 = 2\,a^2\,, \qquad c = \frac{a}{\sqrt{2}}\,,$$

$$J_x = 5\,\frac{d^4\pi}{64} + d^2\pi\left(\frac{a}{\sqrt{2}}\right)^2 = 5\,\frac{d^4\pi}{64} + \frac{d^2\pi\,a^2}{2} = J_1\,.$$

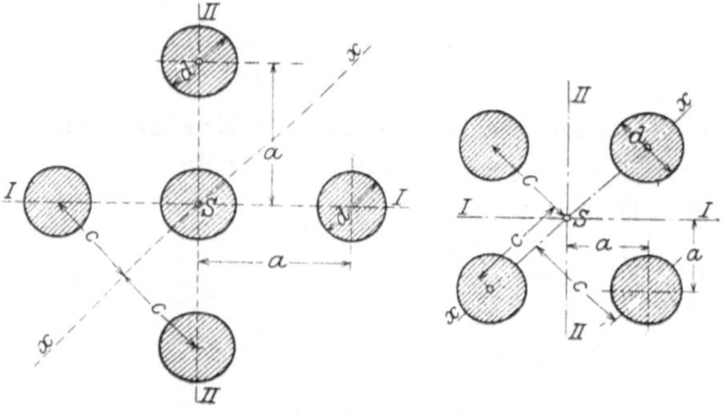

Fig. 62.　　　　　　Fig. 63.

2. Ähnlich stellt sich die Rechnung bei dem aus 4 Kreispfählen gebildeten Pfeiler in Fig. 63. Auch hier sind die J-Werte für die Achsen I, II und x einander gleich, wie aus der Symmetrie der Gesamtanordnung auch zu erwarten steht:

$$J_1 = J_2 = 4\left(\frac{d^4\pi}{64} + \frac{d^2\pi}{4}\,a^2\right) = \frac{d^4\pi}{16} + d^2\pi\cdot a^2\,.$$

$$J_x = 2\,\frac{d^4\pi}{64} + 2\left(\frac{d^4\pi}{64} + \frac{d^2\pi}{4}\cdot c^2\right) = \frac{d^4\pi}{32} + \frac{d^4\pi}{32} + \frac{d^2\pi}{2}\left(a\,\sqrt{2}\right)^2$$

$$= \frac{d^4\pi}{16} + d^2\pi\cdot a^2 = J_1 = J_2\;.$$

3. Für den Querschnitt in Fig. 64 können die Trägheitsmomente für die Hauptachsen durch Abziehen der Werte für das innere Rechteck von denen des äußeren ermittelt werden:

$$J_1 = \frac{b\,h^3}{12} - \frac{b\,h_1^3}{12}\;,$$

$$J_2 = \frac{h\,b^3}{12} - \frac{h_1\,b^3}{12} = \frac{b^3}{12}\,(h - h_1) = \frac{b^3}{12}\cdot 2\,d\;.$$

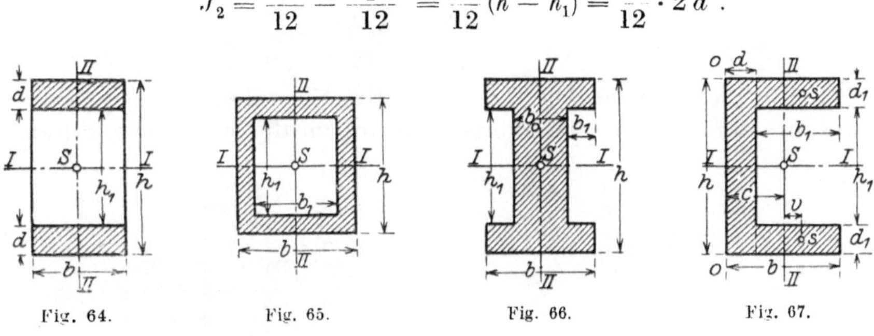

Dasselbe Ergebnis hätte sich auch (für die Achse *II II*) herausgestellt, wenn man die beiden schraffierten Rechtecke für sich betrachtet hätte:

$$J_2 = 2\cdot\frac{d\,b^3}{12}\;.$$

4. In gleicher Weise ergibt sich für die Querschnitte in Fig. 65:

$$J_1 = \frac{b\,h^3}{12} - \frac{b_1\,h_1^3}{12}\;,$$

$$J_2 = \frac{h\,b^3}{12} - \frac{h_1\,b_1^3}{12}\;,$$

und in Fig. 66:

$$J_1 = \frac{b\,h^3}{12} - 2\,\frac{b_1\,h_1^3}{12}\;.$$

$$J_2 = \frac{(h - h_1)\,b^3}{12} + \frac{h_1\,b_0^3}{12}\;,$$

worin $b_0 = b - 2\,b_1$ ist.

5. Für den $\sqsubset$-förmigen Querschnitt in Fig. 67 muß zunächst die Lage des Schwerpunktes S in bekannter Weise mit Hilfe der Gleich-

44   Die Grundzüge der Festigkeitslehre.

setzung der statischen Momente des Gesamtquerschnittes und seiner Einzelteile bestimmt werden. Ist hierdurch die senkrechte Schwerachse durch den Abstand c festgelegt, so ergibt sich:

$$J_1 = \frac{b\,h^3}{12} - \frac{b_1\,h_1^3}{12},$$

$$J_2 = \frac{h\,d^3}{12} + h\,d\left(c - \frac{d}{2}\right)^2 + 2\left(\frac{b_1^3\,d_1}{12} + b_1\,d_1\cdot v^2\right).$$

Hier ist v der Abstand des Schwerpunkts s des Rechtecks $b_1\,d_1$ von der senkrechten Schwerachse $II\ II = b - c - \dfrac{b_1}{2}$.

6. Bei dem z-förmigen Querschnitte in Fig. 68 ist:

$$J_1 = \frac{b\,h^3}{12} - \frac{b_1\,h_1^3}{12}.$$

Es ergibt sich also dasselbe J_1 wie für Fig. 67, weil es für die $\sum y^2\,dF$, also die Beziehung des Trägheitsmomentes auf die wagerechte Schwer-

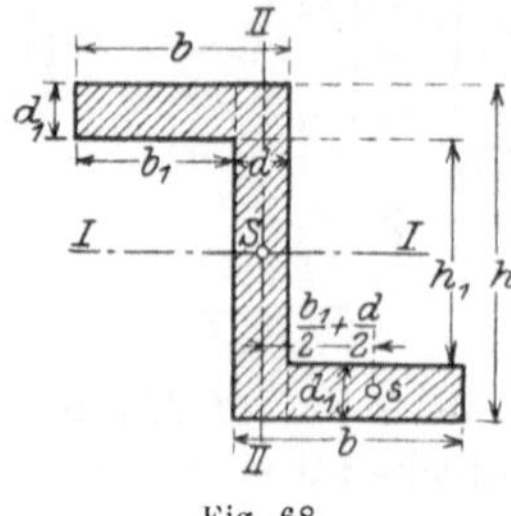

Fig. 68.

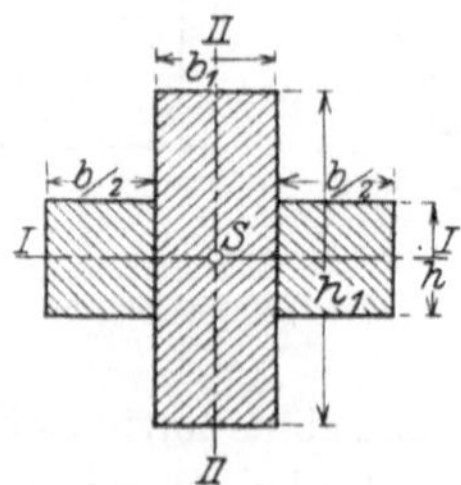

Fig. 69.

achse, im vorliegenden Falle bedeutungslos ist, ob das obere wagerechte Rechteck sich nach links oder rechts von der senkrechten Achse — wie in Fig. 67 — erstreckt.

Ferner wird:

$$J_2 = \frac{h\,d^3}{12} + 2\left[\frac{d_1\,b_1^3}{12} + b_1\,d_1\left(\frac{b_1}{2} + \frac{d}{2}\right)^2\right].$$

7. Für den Kreuzquerschnitt in Fig. 69 wird:

$$J_1 = \frac{b\,h^3}{12} + \frac{b_1\,h_1^3}{12}$$

$$J_2 = \frac{h\,(b + b_1)^3}{12} + \frac{(h_1 - h)\,b_1^3}{12}.$$

8. Liegen (Fig. 70 u. 71) zwei sogenannte Blechbalkenquerschnitte, bestehend aus einem Stehbleche, vier Winkeleisen bzw. auf ihnen noch auflagernden Kopfplatten vor, so ergibt sich, und zwar unter Abzug im ersten Fall der wagerechten Nietlöcher, im zweiten Fall unter Berück-

sichtigung der Querschnittsschwächung durch die senkrechte Nietung auf die Hauptachse I das Trägheitsmoment, in Fig. 70:

$$J_1 = \frac{b\,h^3}{12} - 2\,\frac{b_1\,h_1^3}{12} - 2\,\frac{b_2\,h_2^3}{12} - 2\left(\frac{c\,d^3}{12} + c\,d\,\lambda^2\right).$$

Hierin stellt der letzte Klammerausdruck den Abzug dar, der durch die wagerechte Nietung also durch die Querschnittsschwächung von $2\cdot(c\cdot d)$ bedingt ist, die mit ihrer Achse um das Maß λ von der Achse $I\,I$ entfernt liegt.

In gleicher Weise wird in Fig. 71:

$$J_1 = \frac{(b - 2\,d)\,h^3}{12} - 2\,\frac{b_1\,h_1^3}{12}$$

$$- 2\,\frac{(b_2 - d)\,h_2^3}{12} - 2\,\frac{b_3\,h_3^3}{12}\,.$$

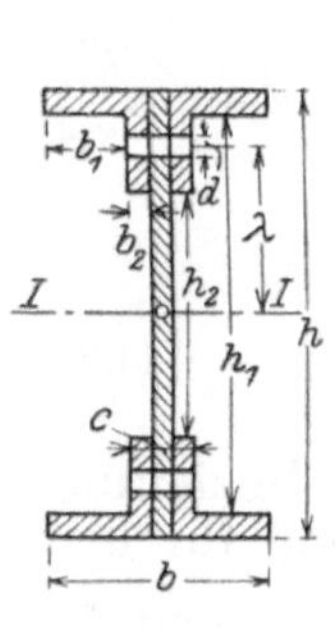

Fig. 70.

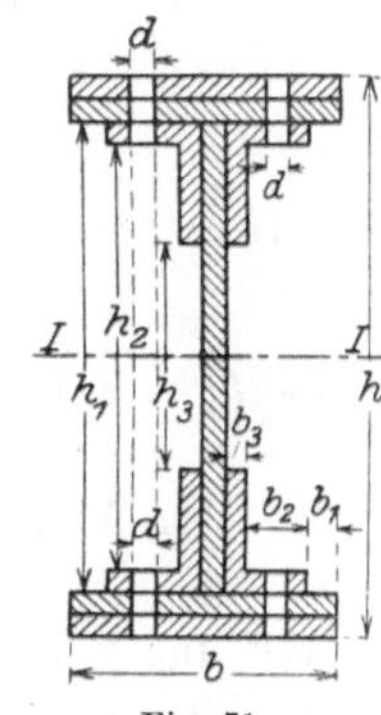

Fig. 71.

Hierbei ist — zur Vereinfachung der Rechnung — von vornherein beiderseits ein senkrechter Streifen von der Breite $= d =$ der Nietstärke und der Gesamthöhe $= h$ in Abzug gebracht. Dadurch vermindert sich bei dem Abzug der beiden Rechtecke $b_2\,h_2$ deren Breite b_2 jederseits um die Größe d.

9. Um das Trägheitsmoment für das regelmäßige Achteck (Fig. 72a) zu finden, geht man wie beim Kreis vom polaren Trägheitsmoment des Dreiecks, und zwar im Hinblick auf die naturgemäße Zerteilung eines regelmäßigen Polygons in gleichschenklige Dreiecke, von einem solchen (Fig. 72b) aus.

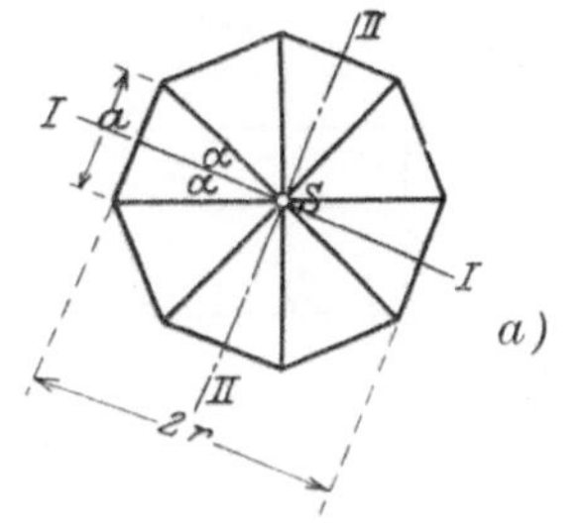

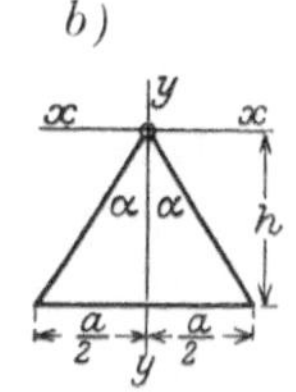

Fig. 72 a, b.

Nach S. 41 ist:

$$J_p = J_x + J_y = \frac{a\,h^3}{4} + 2\,\frac{h\cdot(\tfrac{1}{2}a)^3}{12} = \frac{a\,h}{4}\left(h^2 + \frac{a^2}{12}\right).$$

Da $a = 2\,h\,\operatorname{tg}\alpha$ bzw. im Vieleck (Fig. 72a) $a = 2\,r\,\operatorname{tg}\alpha$, $h = r$ ist, so wird:

$$J_p = \frac{2\,r\,\operatorname{tg}\alpha\;r}{4}\left(r^2 + \frac{4\,r^2\operatorname{tg}^2\alpha}{12}\right) = \frac{r^4\operatorname{tg}\alpha}{2}\left(1 + \tfrac{1}{3}\operatorname{tg}^2\alpha\right)$$

und für ein regelmäßiges n-Eck:

$$J_p = \frac{n\,r^4\,\mathrm{tg}\,\alpha}{2}(1 + \tfrac{1}{3}\mathrm{tg}^2\alpha) .$$

Hier gilt genau das gleiche wie beim Kreise (wegen der vollkommenen Symmetrie des Querschnittes), d. h. alle Trägheitsmomente auf Durchmesser durch den Polygonmittelpunkt sind unter sich gleich und ein jedes $= \dfrac{J_p}{2}$. Demgemäß wird beim regelmäßigen Achteck:

$$J_1 = J_2 = \frac{8}{2\cdot 2}\,r^4\,\mathrm{tg}\,\alpha\,(1 + \tfrac{1}{3}\mathrm{tg}^2\alpha)$$

und für:

$$\alpha = \tfrac{1}{2}\,45° ; \quad \mathrm{tg}\,\alpha = \sqrt{2} - 1 ,$$

$$J_1 = J_2 = 2r^4(\sqrt{2} - 1)(1 + \tfrac{1}{3}(\sqrt{2} - 1)^2) = \tfrac{1}{3}r^4(4\sqrt{2} - 5) = 0{,}8758\,r^4\,{}^{1}) .$$

4. Allgemeine Beziehungen für Zentrifugalmomente und für deren Berechnung.

Ist das Zentrifugalmoment für ein senkrechtes Achsensystem $x'\,y'$ $= J_{x'y'}$ bekannt und wird die gleiche Funktion für ein mit ihm paralleles Achsensystem $x\,y$ gesucht, das vom ersten um die Abstände ξ und η entfernt liegt, so wird (Fig. 73):

$$J_{xy} = \int(x' + \xi)(y' + \eta)\,dF = \int x'y'\,dF + \int \xi y'\,dF + \int \xi\eta\,dF + \int x'\eta\,dF$$
$$= J_{x'y'} + \xi\eta\,F .$$

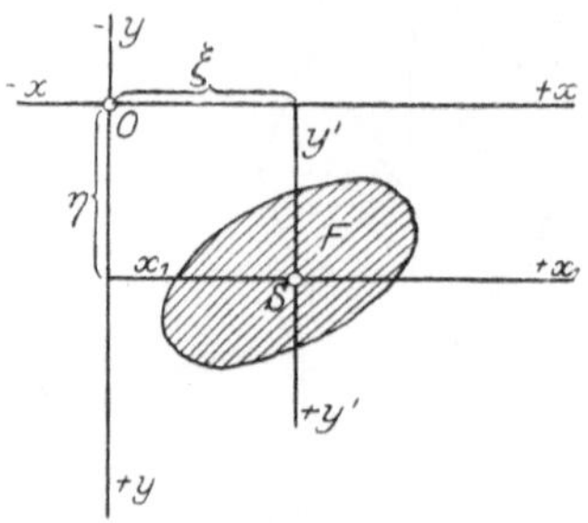

Fig. 73.

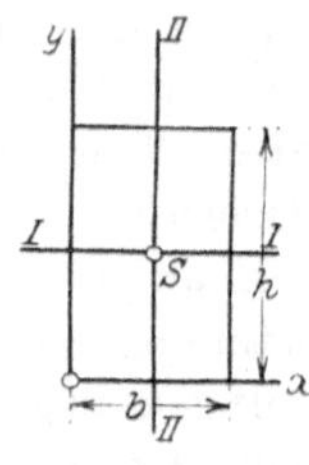

Fig. 74.

Die Summanden $\xi\int y'\,dF$ und $\eta\int x'\,dF$ sind je $= 0$, weil das $\int$ je das statische Moment der Fläche, bezogen auf ihren Schwerpunkt, darstellt [2]). Liegt der Sonderfall vor $J_{x'y'} = 0$, ist also eine der Schwer-

---

[1]) Für den Querschnitt ergibt sich:

$$F = 8 \cdot \frac{2\,r\,\mathrm{tg}\,\alpha\;r}{2} = 8 \cdot (\sqrt{2} - 1)r^2 = 3{,}3137\,r^2 .$$

[2]) Vgl. auch die Anm. 1 auf S. 39.

achsen x' oder y' eine Symmetrieachse, so ist:

$$J_{xy} = \xi\,\eta\,F\,.$$

Für ein Rechteck $(b \cdot h)$, dessen J_{xy} auf zwei Achsen bezogen werden soll, die mit den Seiten zusammenfallen (Fig. 74), wird hiernach:

$$J_{xy} = \frac{b}{2} \cdot \frac{h}{2}\, b\,h = \frac{b^2 h^2}{4}\,.$$

Besteht der Querschnitt aus mehreren Rechtecken, so wird dieselbe Gleichung benutzt; nur ist hier auf die Vorzeichen der einzelnen Schwerpunktsabstände ξ und η zu achten. Nach Fig. 75 wird z. B. nach Einteilung des Querschnitts in 3 Rechtecke F_1, F_2, F_3 mit den Schwerpunktsabständen $+\xi_1 +\eta_1$, $-\xi_2 -\eta_2$ und $-\eta_3 + \xi_3$ das Zentrifugalmoment in bezug auf die Schwerachse des Gesamtquerschnitts xy gebildet in der Form:

$$J_{xy} = F_1\,\eta_1\,\xi_1 + F_2\,\eta_2\,\xi_2 - F_3\,\eta_3\,\xi_3\,.$$

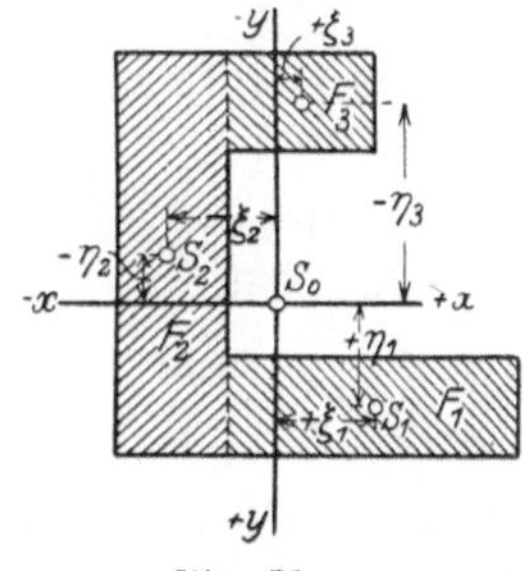

Fig. 75.

Liegen Querschnitte vor, die man in kleine Rechtecksabschnitte zerteilen kann, so bleibt der Rechnungsgang derselbe wie vorher. Hier ist aber darauf zu achten, ob die Mittelpunkte aller dieser kleinen Rechtecke auf einer Achse liegen, die parallel zu einer der Bezugsachsen verläuft, oder mit diesen (Fig. 76) einen Winkel α einschließt. In letzterem Falle ist zu beachten, daß $x = y\,\mathrm{ctg}\,\alpha$ ist; demgemäß ist das Zentrifugalmoment in der Form zu bilden:

$$J_{xy} = \int x\,y\,dF = \int y\,\mathrm{ctg}\,\alpha \cdot y\,dF = \mathrm{ctg}\,\alpha \int y^2\,dF = \mathrm{ctg}\,\alpha\,J_x\,.$$

Für das in Fig. 76 dargestellte Dreieck und die Achsen xy ergibt sich z. B., da für sie

$$J_x = \frac{b\,h^3}{4}$$

ist:

$$J_{xy} = \frac{b\,h^3}{4} \cdot \mathrm{ctg}\,\alpha\,.$$

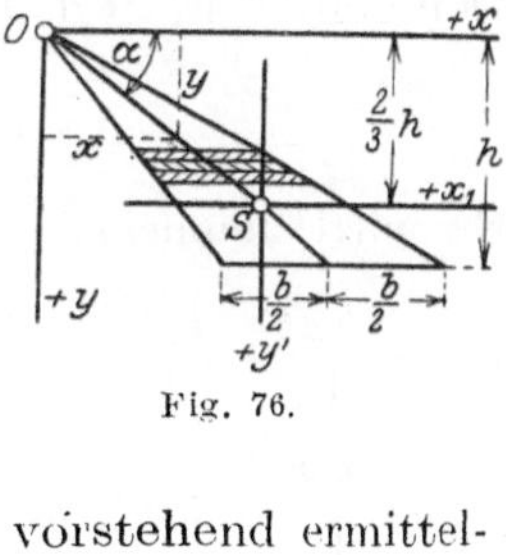

Fig. 76.

Für das Achsensystem $x_1\,y_1$ durch den Schwerpunkt des Dreiecks selbst, also für Achsen, die keine Symmetrieachsen darstellen, wird nach der vorstehend ermittelten Gleichung:

$$J_{xy} = J_{x'y'} + F\,\eta\,\xi\,,$$

$$J_{x'y'} = J_{xy} - F\,\eta\,\xi = \frac{b\,h^3}{4}\,\mathrm{ctg}\,\alpha - \frac{b\,h}{2} \cdot \eta\,\xi\,.$$

η ist $= \frac{2}{3} h$, und $\xi = \eta \operatorname{ctg} \alpha = \frac{2}{3} h \operatorname{ctg} \alpha$.

$$J_{x'y'} = \frac{b h^3}{4} \operatorname{ctg} \alpha - \frac{b h}{2} \frac{2}{3} h \frac{2}{3} h \operatorname{ctg} \alpha = \operatorname{ctg} \alpha \left(\frac{9 b h^3}{36} - \frac{8 b h^3}{36} \right) = \frac{b h^3}{36} \operatorname{ctg} \alpha .$$

5. Zahlenbeispiele.

1 a. Die größten und kleinsten Trägheitsmomente sind zu berechnen für ein Rechteck von 45 cm Höhe und 20 cm Breite.

$$J_1 = \frac{20 \cdot 45^3}{12} = 5 \cdot 45^2 \cdot 15 = 45^2 \cdot 75 = 2025 \cdot 75 = 151\,875 \,\text{cm}^4 = J_{\max} ,$$

$$J_2 = \frac{45 \cdot 20^3}{12} = 15 \cdot 5 \cdot 20^2 = 30\,000 \,\text{cm}^4 = J_{\min} .$$

1 b. Für denselben Querschnitt ist das Trägheitsmoment, bezogen auf die Seite $b = 20$ cm zu bestimmen:

$$J_0 = \frac{b h^3}{3} = \frac{20 \cdot 45^3}{3} = 20 \cdot 45^2 \cdot 15 = 300 \cdot 2025 = 607500 \,\text{cm}^4 .$$

2. Die Trägheitsmomente $J_1 = J_2$ eines $\sqsubset$-Querschnitts nach Fig. 67 sind gesucht für die Abmessungen: $b = 10$ cm; $d_1 = 1$ cm; $h = 20$ cm; $b_1 = 9$ cm, also auch $d = 1$ cm bzw. $h_1 = 18$ cm.

Zunächst ermittelt sich c aus der Beziehung:

$$c \cdot \sum f = f_1 \xi_1 + 2 f_2 \xi_2 ,$$

$$\sum f = 20 \cdot 1 + 2 \cdot 9 \cdot 1 = 38 \,\text{cm}^2 ,$$

$f_1 = 20 \,\text{cm}^2$; $\xi_1 = 0{,}5$ cm; $f_2 = 9 \,\text{cm}^2$; $\xi_1 = (1 + 4{,}5) = 5{,}5$ cm,

$$c = \frac{20 \cdot 0{,}5 + 2 \cdot 9 \cdot 5{,}5}{38} = \frac{10 + 2 \cdot 49{,}5}{38} = \frac{109}{38} = 2{,}87 \,\text{cm}.$$

Demgemäß ist (vgl. Fig. 67):

$$v = b - c - \frac{b_1}{2} = 10 - 2{,}87 - 4{,}5 = 2{,}63 \,\text{cm}.$$

Es wird nunmehr:

$$J_1 = \frac{b h^3}{12} - \frac{b_1 h_1^3}{12} = \frac{10 \cdot 20^3}{12} - \frac{9 \cdot 18^3}{12} = 6666{,}6 \,\text{cm}^3 ,$$

$$J_2 = \frac{h d^3}{12} + h d \left(c - \frac{d}{2} \right)^2 + 2 \left(\frac{b_1^3 d_1}{12} + b_1 d_1 v^2 \right)$$

$$= \frac{20 \cdot 1^3}{12} + 20 \cdot 1 (2{,}87 - 0{,}5)^2 + 2 \left(\frac{9^3 \cdot 1}{12} + 9 \cdot 1 \cdot 2{,}63^2 \right)$$

$$= 1{,}66 + 112{,}32 + 2 (60{,}75 + 62{,}27) = 360{,}02 \,\text{cm}^4 .$$

Auf die Achse $0\,0$ (Fig. 67) ergibt sich das Trägheitsmoment zu:

$$J_{00} = \frac{20 \cdot 1^3}{3} + 2\left(\frac{1 \cdot 9^3}{12} + 1 \cdot 9 \cdot (v + c)^2\right) = 6{,}66 + 2\,(60{,}75 + 9 \cdot 5{.}5^2)$$

$$= \mathbf{672{,}66\ cm^4} = 360{,}02 + 38 \cdot 2{,}87^2.$$

3. Von einem regelmäßigen Achteck ist die Seite $a = 20$ cm. Gesucht wird das Hauptträgheitsmoment. Es ist:

$$a = 2\,r\,\mathrm{tg}\,\alpha = 2\,r\,\mathrm{tg}\,\frac{45^0}{2} = 2\,r \cdot 0{,}414 = 20\,,$$

$$r = \frac{20}{2 \cdot 0{,}414} = 24{,}18\ \mathrm{cm}$$

und somit:

$$J = 0{,}8758\,r^4 = 0{,}8758 \cdot 24{,}18^4$$
$$= \text{rd. } 299\,380\ \mathrm{cm^4}.$$

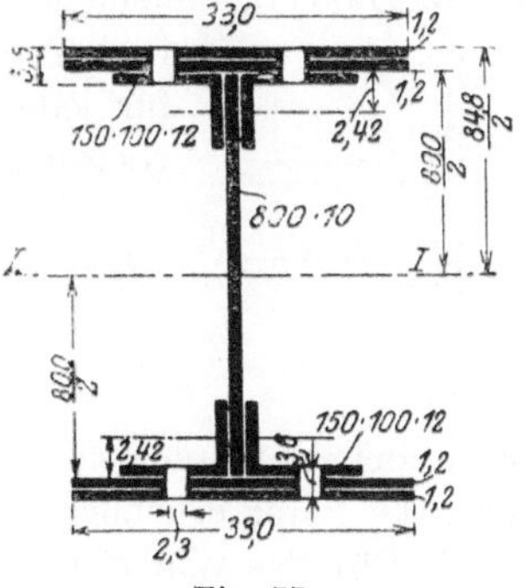

Fig. 77.

4. Eine gußeiserne Säule hat einen Ringquerschnitt mit $D = 32$ cm, $d = 24$ cm, also von 4 cm Wandstärke. Demgemäß ist:

$$J = \frac{D^4 - d^4}{64} \cdot \pi = \frac{32^4 - 24^4}{64} \cdot \pi = \frac{32^3 \cdot 4 + 24^3 \cdot 3}{8} \cdot \pi$$

$$= \frac{32\,768 \cdot 4 + 13\,824 \cdot 3}{8} \cdot 3{,}14 = (16\,384 + 1728) \cdot 3{,}14 = 568\,71{,}7\ \mathrm{cm^4}.$$

5. Für den in Fig. 77 dargestellten Querschnitt eines Blechbalkens ist das Trägheitsmoment auf die wagerechte Hauptachse zu bestimmen. Die Winkeleisen $150 \cdot 100 \cdot 12$ haben auf ihrer eigenen Schwerachse parallel zu $I\,I$ ein $J_1' = 232$ cm⁴; ihre Fläche beträgt je 28,7 qcm, der Abstand ihres Schwerpunkts von ihren oberen Flanschen je 2,42 cm. Es ergibt sich:

$$J_{\text{Stehblech}} = \frac{1{,}00 \cdot 80{,}0^3}{12} = 42\,886\ \mathrm{cm^4}$$

$$J_{\text{Winkeleisen}} = 4 \cdot \left[232 + 28{,}7\left(\frac{80{,}0}{2} - 2{,}42\right)^2\right] = 163\,055\ \text{,,}$$

$$J_{\text{Kopfplatten}} = \frac{2 \cdot 33{,}0 \cdot 2{,}4^3}{12} + 4 \cdot 33{,}0 \cdot 1{,}2\left(\frac{80{,}0}{2} + 1{,}2\right)^2$$

$$= 76{,}0 + 268\,874 = 268\,950\ \text{,,}$$

$$\sum J = 474\,891\ \text{,,}$$

Hiervon ist das Trägheitsmoment der Nietlöcher abzuziehen:

$$4\left\{2{,}3 \cdot \frac{3{,}6^3}{12} + 2{,}3 \cdot 3{,}6\left(\frac{84{,}8}{2} - \frac{3{,}6}{2}\right)^2\right\} = -\ 54\,592\ \text{,,}$$

Somit wird das Trägheitsmoment $\qquad\qquad J_1 = \mathbf{420\,299\ cm^4}$

Man erkennt, daß, ohne irgendeinen erheblichen Fehler zu begehen, man das Trägheitsmoment der Kopfplatten auf ihre eigene Schwerachse hätte vernachlässigen können.

6. Das Trägheitsmoment der einschnittigen Nietverbindung in bezug auf die wagerechte Achse in Fig. 78 wird für jede Seite des Verbindungsbleches gesucht. Der Nietdurchmesser sei 2 cm. Es ist:

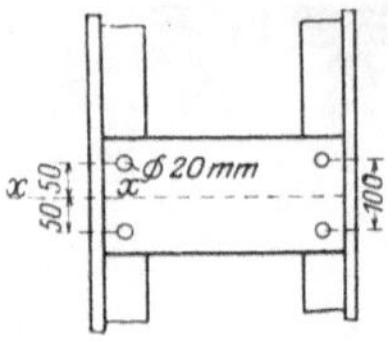

$$J_x = 2\left(\frac{2^4\,\pi}{64} + \frac{2^2\,\pi}{4}\cdot 5^2\right) = 2\left(\frac{16\cdot 3,14}{64} + 3,14\cdot 25\right)$$

$$= 2\,(0,8 + 80) = 161,6\,\text{cm}^4.$$

Fig. 78.

Man erkennt auch hier, daß das Eigenträgheitsmoment des Querschnitts keine erhebliche Bedeutung auf das Endergebnis ausübt.

7. Für das Winkeleisen $100\cdot 100\cdot 12$ (Fig. 79) sind zu bestimmen die Schwerpunktslage, die Trägheitsmomente auf die Achsen y und x, die Hauptachsen und die Hauptträgheitsmomente auf diese.

Es ist nach der Figur:

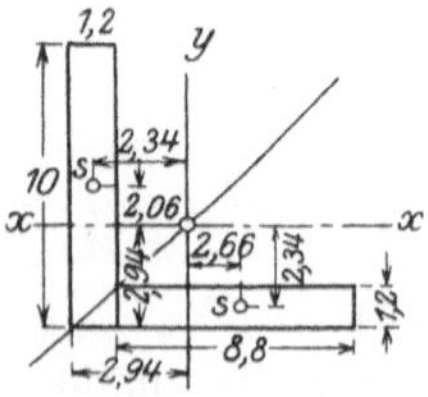

$$F = 1,2\cdot 10 + 1,2\cdot 8,8 = 22,6\,\text{cm}^2,$$

$$\eta_0 = \frac{1,2\cdot 10^2 + 8,8\cdot 1,2^2}{2\cdot 22,6} = 2,94\,\text{cm},$$

$$J_0 = \frac{1,2\cdot 10^3}{3} + \frac{8,8\cdot 1,2^3}{3} = 405\,\text{cm}^4\ ^{[1]}$$

$$J_x = J_y = J_0 - F\cdot 2,94^2 = 405 - 22,6\cdot 2,94^2$$

$$= 209\,\text{cm}^4.$$

Fig. 79.

Ferner wird das Zentrifugalmoment:

$$J_{xy} = F_1 x_1 y_1 + F_2 x_2 y_2\,,$$

worin F_1 und F_2 die Einzelteile des Querschnitts, $y\,x$ die Abstände der Schwerpunkte dieser vom Gesamtschwerpunkt des Winkels darstellen.

$$J_{xy} = 1,2\cdot 10\cdot 2,34\cdot 2,06 + 1,2\cdot 8,8\cdot 2,66\cdot 2,34 = \text{rd. } 124,13\,\text{cm}^4.$$

Hieraus folgt:

$$\operatorname{tg} 2\,\alpha = \frac{2\,J_{xy}}{J_x - J_y} = \frac{2\cdot 124,13}{0} = \infty\,,$$

d. h. wie von vornherein bei dem gleichschenkligen Winkeleisen zu erwarten stand,

$$\operatorname{tg} 2\,\alpha = 90°. \qquad \operatorname{tg}\alpha = 45°.$$

---

[1] J_0 ist auf eine der Außenkanten bezogen.

Für die Bestimmung von J_1 kann nunmehr die Gleichung h (auf Seite 37) benutzt werden[1]):

$$J_1 = \tfrac{1}{2}(J_x + J_y) + \tfrac{1}{2}\sqrt{(J_x - J_y)^2 + 4\,J_{xy}^2} = J_{\max}\,,$$

$$J_1 = 209 + \tfrac{1}{2}\sqrt{4 \cdot 124.13^2} = 209 + 124{,}13 = \text{rd. } 333 \text{ cm}^4.$$

Demgemäß wird:

$$J_2 = J_x + J_y - J_1 = 2 \cdot 209 - 333 = 85 \text{ cm}^4.$$

(Nach dem deutschen Normalprofil-buch sind für dieses Winkeleisen bei Be-rücksichtigung der Ausrundungen des Querschnitts $J_1 = 328$, $J_2 = 86{,}2$ cm⁴.)

8. Für das in Fig. 80 dargestellte Zförmige Eisen sollen gebildet werden die Trägheitsmomente auf ein Achsen-system parallel und senkrecht zum Steg durch den Schwerpunkt des Quer-schnitts gelegt; aus ihnen sollen in wei-terer Folge die Hauptträgheitsmomente und deren Achsen abgeleitet werden.

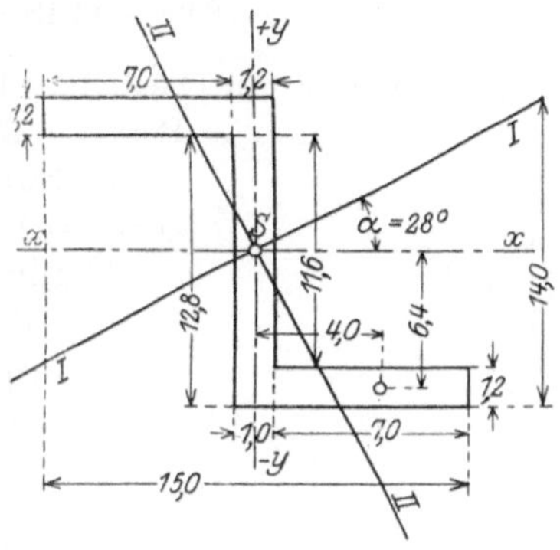

Fig. 80.

Es ergibt sich:

$$J_x = \tfrac{1}{12}(8 \cdot 14^3 - 7 \cdot 11{,}6^3) = 919 \text{ cm}^4,$$

$$J_y = \tfrac{1}{12}(1{,}2 \cdot 15^3 + 12{,}8 \cdot 1{,}0^3) = 339 \text{ cm}^4,$$

$$J_{xy} = 2 \cdot 1.2 \cdot 7 \cdot 6{,}4 \cdot 4{,}0 = 430 \text{ cm}^4.$$

Daraus folgt:

$$\operatorname{tg}2\alpha = \frac{2\,J_{xy}}{J_x - J_y} = \frac{860}{919 - 339} = \frac{860}{580} = 1{,}484\,.$$

$$2\alpha = \text{rd. } 56°\,; \qquad \alpha = 28°\,.$$

$$\sin\alpha = 0{,}469\,; \qquad \sin^2\alpha = 0{,}220\,;$$

$$\cos\alpha = 0{,}885\,; \qquad \cos^2\alpha = 0{,}780\,.$$

Demgemäß liefern die Gleichungen e und f (auf Seite 36) das Er-gebnis:

$$J_x = 919 = J_1\,0{,}78 + J_2\,0{,}22\,,$$

$$J_y = 339 = J_1\,0{,}22 + J_2\,0{,}78\,.$$

Zur Probe kann man sich überzeugen, daß die Beziehung innegehalten ist:

$$J_x + J_y = J_1 + J_2\,.$$

---

[1]) Die Gleichungen e und f (S. 36) können hier nicht angewendet werden, weil $J_x = J_y$ ist.

Aus den Gleichungen folgt:

$$J_1 = 1144 \text{ cm}^4; \quad J_2 = J_x + J_y - J_1 = 1258 - 1144 = 114 \text{ cm}^4.$$

Rechnet man mit Gleichung h (auf Seite 37), so wird unmittelbar:

$$J_1 = \tfrac{1}{2} 1258 + \tfrac{1}{2} \sqrt{580^2 + 4 \cdot 430^2}$$

$$= 629 + \tfrac{1}{2} 1038 = 629 + 519 = 1148 \text{ cm} = J_{\max},$$

$$J_2 = 1258 - 1148 = 110 \text{ cm}^4 = J_{\min}.$$

Die beiden verschiedenen Rechnungswege haben somit zu für die Praxis ausreichender Übereinstimmung geführt.

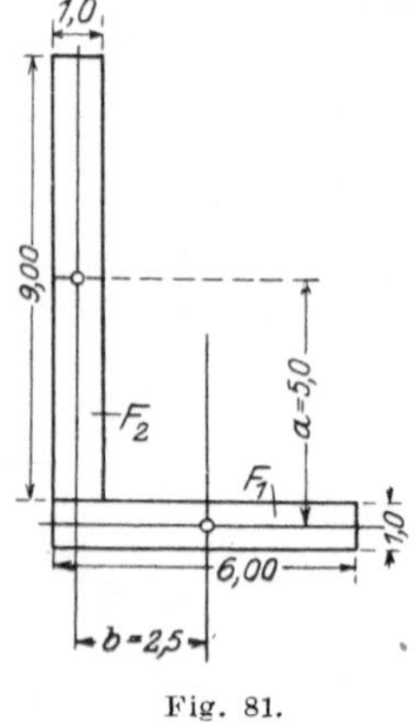

Fig. 81.

9. Für den ungleichschenkligen L-förmigen Querschnitt in Fig. 81 sind die Trägheitsmomente für die beiden Rechtecke gegeben. Gesucht werden die Trägheitsmomente für den Gesamtquerschnitt.

Es sind:

$$J_{x_1} = 0,5 \text{ cm}^4; \quad J_{y_1} = 18 \text{ cm}^4;$$

$$J_{x_2} = 61 \text{ cm}^4; \quad J_{y_2} = 0,75 \text{ cm}^4.$$

$$F_1 = 6 \text{ qcm}; \quad F_2 = 9 \text{ qcm}.$$

$$a = 4,5 + 0,5 = 5 \text{ cm};$$

$$b = 3,0 - 0,5 = 2,5 \text{ cm}.$$

Daraus folgt sofort (vgl. S. 38 u. 39):

$$J_x = J_{x_1} + J_{x_2} + \frac{6 \cdot 9}{6 + 9} \cdot 5^2 = 0,5 + 61 + \frac{54}{15} 25 = 151,5 \text{ cm}^4,$$

$$J_y = J_{y_1} + J_{y_2} + \frac{6 \cdot 9}{6 + 9} \cdot 2,5^2 = 18 + 0,75 + \frac{54}{15} 6,25 = 41,25 \text{ cm}^4.$$

6. Die räumliche Deutung von Trägheits- und Zentrifugalmomenten.

Ist eine beliebige Fläche (Fig. 82) in der Ebene gegeben und stellt y die Achse dar, auf die das Trägheitsmoment der Fläche gebildet werden soll, so kann man sich die Abstände der einzelnen Flächenteilchen von der y-Achse über den einzelnen Flächenelementen als senkrechte Ordinaten (x) aufgetragen und sich aus ihnen allen einen prismatischen Körper zusammengefaßt denken, dessen Grundfläche die Gesamtfläche darstellt und der oben — entsprechend seinem Bildungsgesetze — durch eine unter $45°$ zur wagerechten Ebene geneigten Ebene abgeschlossen ist. Dieser Körper hat einen Inhalt von $V = \sum f \cdot x$. Ist der Abstand des Schwerpunktes dieses Körpers von der y-Achse $= x_0$, so ist sein statisches Moment $= V \cdot x_0$. Da das statische Moment einer Kraft, und als solche kann man sowohl den Gesamtkörper V als auch alle seine Einzelteile auffassen, gleich der Summe der statischen Momente der Einzelkräfte ist, so ergibt sich die Beziehung:

$$V \cdot x_0 = (f_1\, x_1)\, x_1 + (f_2\, x_2)\, x_2 + (f_3\, x_3)\, x_3 + \ldots,$$

worin $f_1\, x_1$ der prismatische (säulenförmige) Körper, der über der Fläche f_1 sich aufbaut, und x sein Abstand von der y-Achse ist; das gleiche gilt von den Ausdrücken $(f_2\, x_2)\, x_2$ usw. Demgemäß wird:

$$V \cdot x_0 = f_1\, x_1^2 + f_2\, x_2^2 + f_3\, x_3^2 + \ldots = \sum f\, x^2 = J_y,$$

d. h. **das Trägheitsmoment der Fläche auf eine Achse läßt sich als Produkt aus dem nach obiger Bildungsart entstandenen Körper V und dem Abstande seines Schwerpunkts von dieser Achse darstellen.**

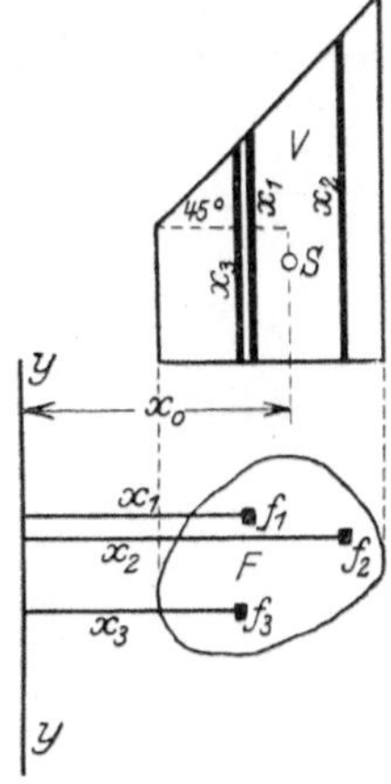

Fig. 82.

Entwickelt man (Fig. 83) nach diesem Gesichtspunkte das Trägheitsmoment des Rechtecks J_1 für die wagerechte Schwerachse, so sind die hierbei entstehenden Körper, einer oberhalb, der andere unterhalb der $x\,x$-Achse, halbe, durch eine Diagonalebene unter $45°$ abgeschlossene parallelepipedische Körper, die sich je auf Grundflächen von der Größe $\dfrac{b\,h}{2}$ aufbauen. Der Inhalt dieser Körper ist je:

$$V = \frac{1}{2}\left(\frac{b\,h}{2} \cdot \frac{h}{2}\right) = \frac{b\,h^2}{8}$$

und der Abstand ihres Schwerpunktes von der hier in Frage stehenden Hauptachse $I\,I$:

$$y_0 = \frac{2}{3}\frac{h}{2} = \frac{h}{3}.$$

Demgemäß wird:

$$J_1 = 2 \cdot \frac{b\,h^2}{8} \cdot \frac{h}{3} = \frac{b\,h^3}{12}.$$

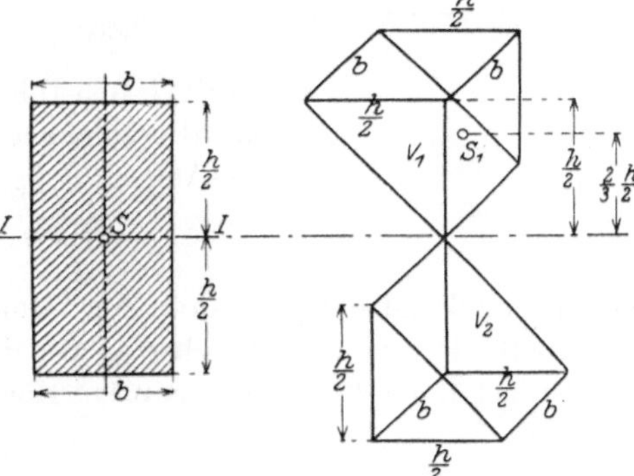

Fig. 83.

wie auf dem Wege der reinen Rechnung auch auf S. 40 gefunden wurde.

Für das Dreieck (Fig. 84), und zwar für eine durch seine Spitze parallel zur Grundlinie gelegte Achse, ergibt sich für den Körper eine vierseitige Pyramide, da nach Auftragung der y-Abstände über der Linie $a\,b$, je $= h$, sich hieran anschließend ein Rechteck von der Breite h ergibt. Die unter $45°$ geneigte Abschlußebene ist hier durch die Ebene $c'\,e\,f$ gegeben. Es wird:

$$V = a'b'fe \cdot \frac{h}{3} = \frac{b\,h^2}{3}\,;$$

$$y_0 = \tfrac{3}{4}\,h$$

und somit:

$$J_x = \frac{b\,h^2}{3} \cdot \frac{3}{4}\,h = \frac{b\,h^3}{4}\,,$$

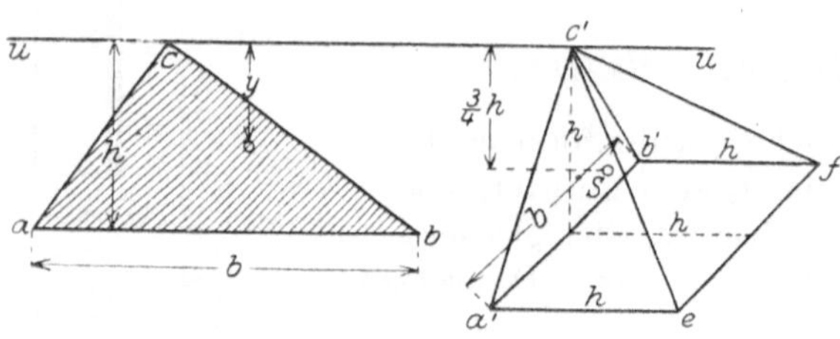

Fig. 84.

wie auch auf S. 40 bestimmt.

In ähnlicher Art läßt sich auch ein **Zentrifugalmoment** $J_{xy} = \sum f\,x\,y$ darstellen (Fig. 85):

Auch hier denkt man sich über der gegebenen Fläche F bzw. allen ihren einzelnen kleinen Flächenteilchen „f" Säulen je mit den Höhen x gleich den Abständen dieser Flächenteilchen von der y-Achse aufgesetzt, so daß auch hier ein, durch eine, unter $45°$ zur Fläche F geneigte Ebene abgeschlossener, sonst prismatischer Körper entsteht $= \sum f \cdot x$. Bildet man nun das statische Moment dieser kleinen einzelnen Säulen in bezug auf die x-Achse, also die Produkte $f\,x \cdot y$, so entsteht durch Summation die Form:

$$f_1\,x_1\,y_1 + f_2\,x_2\,y_2 + f_3\,x_3\,y_3 + \cdots$$

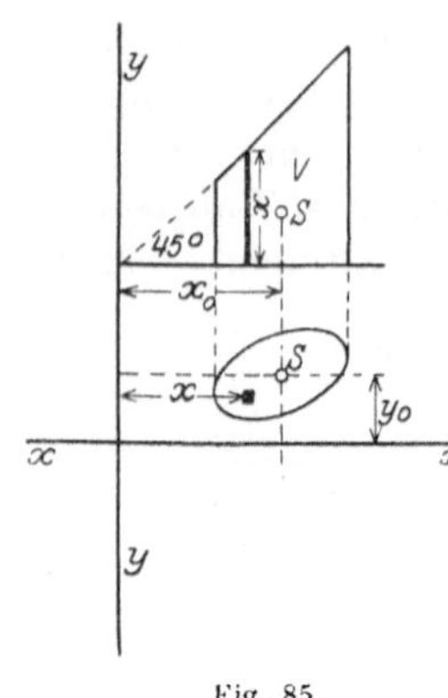

Fig. 85.

Stellt V den Inhalt des Säulenkörpers dar, und hat dieser einen Schwerpunktsabstand von der $x\,x$-Achse $= y_0$, so wird:

$$V \cdot y_0 = \sum f\,x\,y = J_{xy}\,.$$

Naturgemäß hätte man auch den Säulenkörper unter Heranziehung der Abstände von der $x\,x$-Achse — also der y-Werte — bilden und dann die Einzelsäulen bzw. den ganzen Körper auf die y-Achse beziehen können.

$$V_1\,x_0 = \sum f\,y\,x = J_{yx} = J_{xy}\,.$$

Will man nach dieser Art das **Zentrifugalmoment des Rechtecks** darstellen, und zwar auf seine Seiten (Fig. 86) bezogen, so wird der Körper, ähnlich wie in Fig. 83, ein halbes (diagonal geschnittenes) Parallelepiped:

$$V = b\,h\,\frac{b}{2} = \frac{b^2\,h}{2}\,.$$

Das statische Moment dieses **Körpers** in bezug auf die Seite b ist, da der Abstand des Körper-Schwerpunkts von einer durch sie gelegten senkrechten Ebene $= \dfrac{h}{2}$ ist:

$$J_{xy} = \frac{b^2\,h}{2}\cdot\frac{h}{2} = \frac{b^2\,h^2}{4}\,.$$

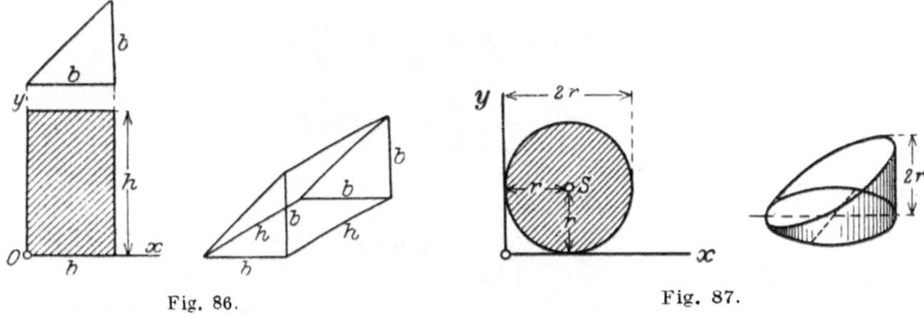

Fig. 86.   Fig. 87.

Wird das Zentrifugalmoment in bezug auf zwei senkrechte, berührende Achsen für eine **Kreisfläche** gesucht (Fig. 87), so wird der Säulenkörper für jede der beiden Achsen die gleiche Form annehmen. Verwendet man zu seiner Konstruktion die Abstände x, so entsteht ein Körper:

$$\sum f\,x = r^2\,\pi\cdot r = r^3\,\pi\,,$$

da r die mittlere Höhe des schräg abgeschnittenen Zylinderstumpfes ist. Da auch der Schwerpunktsabstand von der $x\,x$-Achse $y_0 = r$ ist, so wird mithin:

$$\boldsymbol{J_{xy}} = r^3\,\pi\cdot r = r^4\,\pi = \frac{d^4\,\pi}{16}\,.$$

7. Der Trägheitsradius.

Unter dem **Trägheitsradius** wird eine Querschnittsgröße, in der Regel mit „i" bezeichnet, verstanden, die sich erklärt aus der Beziehung:

$$i^2 = \frac{J}{F}$$

und demgemäß in bezug auf die x-Achse lautet:

$$i_x^2 = \frac{J_x}{F}\,,$$

worin J_x das Trägheitsmoment des Querschnitts auf die (wagerechte) x-Achse darstellt, F den Querschnitt bedeutet. In gleicher Weise wird für die (senkrechte) y-Achse:

$$i_y^2 = \frac{J_y}{F}\,.$$

Für das Rechteck mit den beiden Hauptabmessungen $b =$ Grundlinie und $h =$ Höhe wird:

$$i_x^2 = \frac{J_x}{F} = \frac{b\,h^3}{12\,b\,h} = \frac{h^2}{12} = \frac{h}{2}\,\frac{h}{6}\,,$$

d. h. i ist mittlere Proportionale zu $\dfrac{h}{2}$ und $\dfrac{h}{6}$.

$$i_x = \frac{h}{\sqrt{12}} = \frac{h}{3,464} = 0,288\,h\,.$$

Ebenso wird:

$$i_y = \frac{b}{\sqrt{12}} = 0,288\,b\,.$$

Für das Dreieck und zwar für die Achse parallel der Grundlinie b wird i_x bestimmt durch die Beziehung:

$$i_x^2 = \frac{J_x}{F} = \frac{b\,h^3}{36\,\dfrac{b\,h}{2}} = \frac{h^2}{18} = \frac{h}{3}\,\frac{h}{6}\,,$$

d. h. hier ist i_x die mittlere Proportionale zwischen $\dfrac{h}{3}$ und $\dfrac{h}{6}$.

Für den Kreisquerschnitt wird:

$$i^2 = \frac{J}{F} = \frac{r^4\,\pi}{4 \cdot r^2\,\pi} = \frac{r^2}{4}\,,$$

d. h. $i = \dfrac{r}{2}$.

Für den Kreis-Ringquerschnitt ergibt sich, wenn r_1 bzw. r die Halbmesser sind:

$$i^2 = \frac{J}{F} = \frac{(r^4 - r_1^4)\,\pi}{4 \cdot (r^2 - r_1^2)\,\pi} = \frac{r^2 + r_1^2}{4}\,; \qquad i = \tfrac{1}{2}\sqrt{r^2 + r_1^2}\,.$$

Wird $r_1 = 0$, liegt also ein voller Kreisquerschnitt vor, so wird $i = \dfrac{r}{2}$ wie oben.

4. Kapitel.

Die verschiedenen Festigkeitsarten.

1. Einfache und zusammengesetzte Beanspruchungen und Festigkeitsarten.

Eine jede äußere Kraft, die einen Körper oder Stab beansprucht, ruft in ihm innere Kräfte hervor, die im Zustande des Gleichgewichts in ihrer Gesamtwirkung der äußeren Kraft das Gleichgewicht halten müssen. Die inneren Kräfte werden als Spannungen bezeichnet und als Belastungen auf die Einheitsgröße des Querschnittes (in der Regel kg/qcm) bezogen. Die äußeren Kräfte rufen, indem sie im Körper innere Spannungen hervorrufen, Formänderungen in ihm hervor, die rein elastische sein können, d. h. nach Aufhören der Kraft wieder verschwinden, oder eine dauernde Veränderung, alsdann in der Regel unter Störung des Gleichgewichts, nach sich ziehen können. Hierbei werden die einzelnen Körper- oder Stabquerschnitte Bewegungen gegeneinander ausführen, deren Art, Richtung und Wirkung die verschiedenartigen Festigkeitsbeanspruchungen bezeichnet und zu ihrer Unterscheidung führt.

Wird ein Stab durch eine Kraft zentral auf Druck belastet (Fig. 88a), so werden zwei benachbarte, zueinander parallele Querschnitte aus dieser ihrer Parallellage nicht gedrängt, sie werden aber in ihrer gegenseitigen Entfernung einander genähert. Der Stab wird zusammengedrückt, die äußere Kraft versucht ihn zu verkürzen und hierbei zugleich die Querschnitte zu verbreitern.

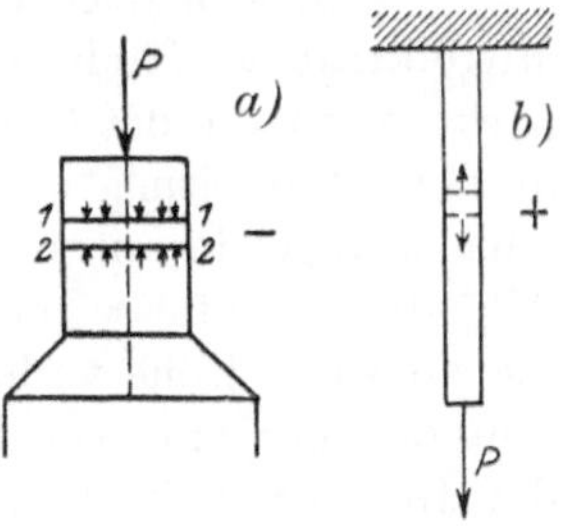

Fig. 88 a, b.

Im Stabinnern treten hierbei **Druckspannungen** auf. Im Zustande des Bruches findet ein Zerdrücken des Materials statt.

Ist die zentral angreifende äußere Kraft (Fig. 88b) eine Zugkraft, so verbleiben ebenfalls die Querschnitte in ihrer zueinander parallelen Lage; die Kraft versucht hier ihre gegenseitige Entfernung zu vergrößern, der Stab wird gezogen und verlängert sich, wobei zugleich seine Querschnitte sich zusammenschnüren, d. h. sich in der Breite zu vermindern suchen. Es treten im Innern des Stabes **Zugspannungen** auf; im Bruchzustand findet ein Zerreißen des Stabes statt.

Da in den Fällen der reinen — zentralen — Druck- und Zugbelastung die äußere Kraft senkrecht zur Querschnittsebene steht, und demgemäß auch im Gleichgewichtszustande die inneren Spannungen die gleiche Richtung zum Querschnitte einnehmen müssen, so benennt man die Druck- und Zugfestigkeit bzw. -beanspruchung auch als **Normalfestigkeit und Normalbeanspruchung.**

Eine Druckspannung wird — nach Vereinbarung — als —, eine Zugspannung als + bezeichnet.

Ist der gedrückte Stab (Fig. 89) verhältnismäßig lang zu seiner Querschnittsgröße, so findet — auch bei theoretisch genau zentraler Belastung — durch die Druckkraft ein Ausknicken des Stabes statt. In seinem Innern treten Knickspannungen auf, die u. a. ein Zerknicken des Stabes bewirken können; hierbei wirken neben den Druckspannungen auch Biegungsspannungen (vgl. weiter unten) auf den Stab ein. Der Grund, weshalb ein solcher Knickvorgang eintritt, liegt darin, daß es einmal praktisch nicht möglich ist, die Druckkraft vollkommen zentral auf den Stab einwirken zu lassen, daß ferner das Material niemals so gleichmäßig ist, daß im Innern des Stabes die Kraft durchaus geradlinig fortgeleitet wird, und daß endlich auch der Stab nie so gleichmäßig oben und unten angeschlossen bzw. aufgesetzt werden kann, daß eine durchaus gleichmäßige Druckbelastung hier eintritt und demgemäß die

Fig. 89.

Mittelkraft der Kräfte mit der Stabachse genau zusammenfällt. Zudem wirkt auch oft der Umstand hierbei mit, daß der Stab durch Fehler in der Bearbeitung oder Zusammenfügung der einzelnen Teile mehr oder weniger in seiner Achsenlage von einer geraden Linie abweicht. Alle diese Einflüsse machen sich bei kurzen Stäben oder Baukörpern, die zu ihrer Höhe verhältnismäßig breit sind, weniger bemerkbar und können hier unberücksichtigt bleiben, da bei ihnen auch tatsächlich der Bruch nur durch Zerdrücken zu erwarten steht, während bei Vorhandensein einer Knickgefahr der Stab stets durch seitliches Ausbiegen zum Bruche gelangt.

Wird ein Stab senkrecht oder unter einem Winkel zu seiner Achse belastet, so verbiegt er sich (Fig. 90a). Es findet eine **Beanspruchung auf Biegung** statt; der Stab widersteht infolge seiner **Biegefestigkeit.** Der in Fig. 90 a dargestellte, einfache, auf zwei Stützen liegende Balken sei durch senkrechte Lasten beansprucht; er verbiegt sich unter ihrer Wirkung konkav nach unten. Zwei benachbarte Querschnitte, die vor Einleitung der Belastung und

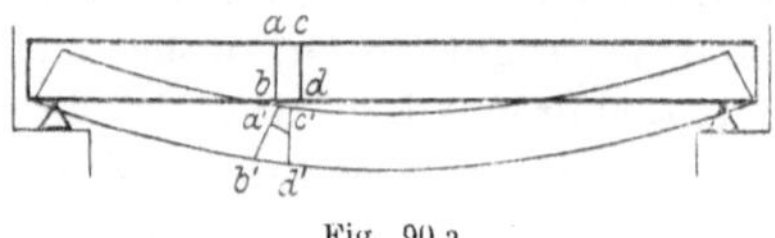

Fig. 90 a.

Verbiegung zueinander parallel waren, nehmen jetzt eine geneigte Lage zueinander an; sie haben sich — im vorliegenden Falle — an ihrem

oberen Ende einander genähert, an ihrem unteren Teile voneinander
entfernt. Die Wirkung dieser Formänderung ist das Auftreten von
Druckspannungen in den oberen, von Zugspannungen in den unteren
Fasern des Balkens bzw. seiner Querschnitte. Der gleiche Vorgang
spielt sich auch ab (Fig. 90 b), wenn der Balken sich konvex verbiegt;
nur entfernen sich hier die Querschnitte in den oberen und nähern sich
in den unteren Fasern; hier treten also
oben Zug-, unten Druckspannungen auf.
Das Bezeichnende beim Auftreten der
reinen Biegungsbelastung besteht also
darin, daß die zunächst parallelen
Nachbarquerschnitte nach der Biegung
einen Winkel miteinander bilden und
in ihnen sowohl Druck- als auch Zug-

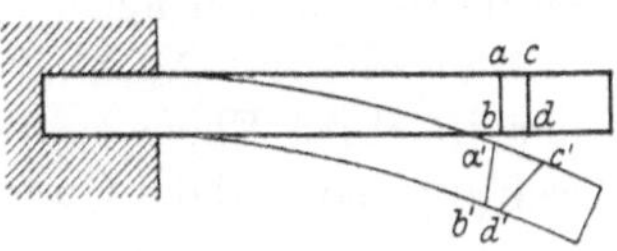

Fig. 90 b.

Biegespannungen sich ausbilden. Beim Bruchzustande zerbricht der
Balken durch Überwindung entweder seiner Zugfestigkeit, indem in
der gebogenen Zone Risse auftreten, oder durch Überanstrengung in
der Druckzone, wenn hier ein Zerdrücken, Zerquetschen des Materials
eintritt.

Wird ein Körper so belastet, daß zwei benachbarte Querschnitte
in ihrem gegenseitigen Abstande zwar erhalten bleiben, also weder
gegeneinander gedrückt, noch von-
einander abgezogen, aber gegeneinander parallel verschoben
werden, so liegt eine Schub- oder
Scherbelastung vor und es treten **Schubspannungen** in der Quer-

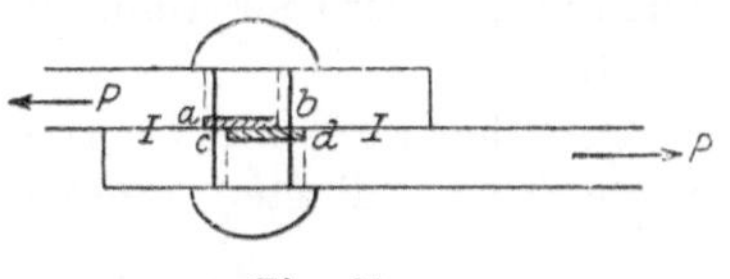

Fig. 91.

schnittsfläche auf. Im Zustande des Bruches findet ein Abschieben
des Materials durch Paralleltrennung der Querschnitte senkrecht zur
Achse statt. In diesem Sinne würde bei der in Fig. 91 dargestellten
einfachen (einschnittigen) Nietverbindung eine Trennung in der Ebene
II vor sich gehen. Einer derartigen Formänderung wirkt die **Schub-**
oder **Scherfestigkeit** der Verbindung entgegen.

Neben dieser in Richtung der Kraft auftretenden Schubbeanspruchung treten zudem bei gebogenen Konstruktionen auch Scherspan-
nungen senkrecht zu der durch die äußeren Kräfte gelegten Ebene,
also bei deren senkrechter Lage in
wagerechter Richtung auf. Würde man
z. B. den Kragträger in Fig. 92 a aus
einzelnen dünnen, nicht miteinander
verbundenen Platten herstellen, so
würde entsprechend der verschieden
großen Beanspruchung dieser eine Ver-

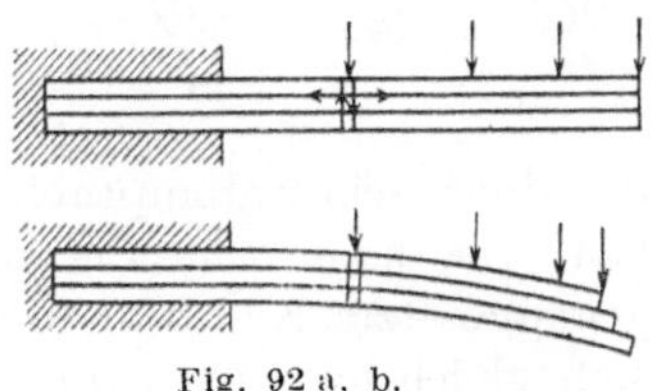

Fig. 92 a, b.

schiebung eintreten, wie sie Fig. 92b zu erkennen gibt. Hieraus zeigt sich, daß bei einem zusammenhängenden homogenen, gebogenen Stabe parallel zu seiner Achse Spannungen bei der Verbiegung sich auslösen müssen, welche einer Formänderung wie der dargestellten entgegenwirken und sie, solange ein Gleichgewichtszustand besteht, verhindern. In den in Fig. 92 a angegebenen Querschnitten treten also sowohl senkrechte in der Kraftrichtung verlaufende als auch wagerecht gerichtete Schubspannungen auf.

Bleiben zwei Nachbarquerschnitte zueinander parallel, erleiden sie aber in ihrer Ebene, ohne irgendwie senkrecht belastet zu sein, eine Drehung, so wird der Querschnitt auf Drehungsfestigkeit beansprucht; in

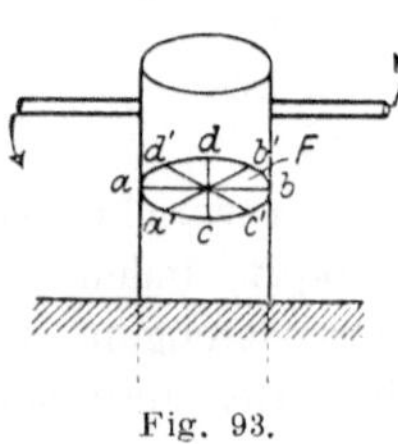

Fig. 93.

ihm entstehen alsdann Torsions- oder Drehungsspannungen. In Fig. 93 wirken an dem fest eingespannt zu denkenden Rundeisen Kräfte im Sinne der Pfeile drehend ein und versuchen den Querschnitt F so zu drehen, daß seine vor Beginn der Kraftwirkung in der Lage $a\,b$, $c\,d$, liegenden Achsen nunmehr nach $a'\,b'$, $c'\,d'$ gelangen. Hierbei tritt also ausschließlich ein Drehen des Querschnittes in seiner Ebene um die Stabachse ein. Da die Drehungsbeanspruchung in der Regel für Hochbaukonstruktionen von untergeordneter Bedeutung ist, wird ihr auch in den weiteren Betrachtungen kein Raum gewährt.

Von den zusammengesetzten Beanspruchungen und den durch sie bedingten zusammengesetzten Spannungen ist für die Hochbauten besonders bedeutungsvoll die Belastung eines Querschnittes durch eine Normalkraft und zugleich durch ein Biegungsmoment, oder — was in der Wirkung dasselbe ist — eine exzentrische Querschnittsbelastung. Denkt man sich z. B. den Pfeilerquerschnitt $s\,t$ in Fig. 94a bzw. $a\,b\,c\,d$ in Fig. 94b durch eine außerhalb seines Schwerpunktes (aber immerhin noch

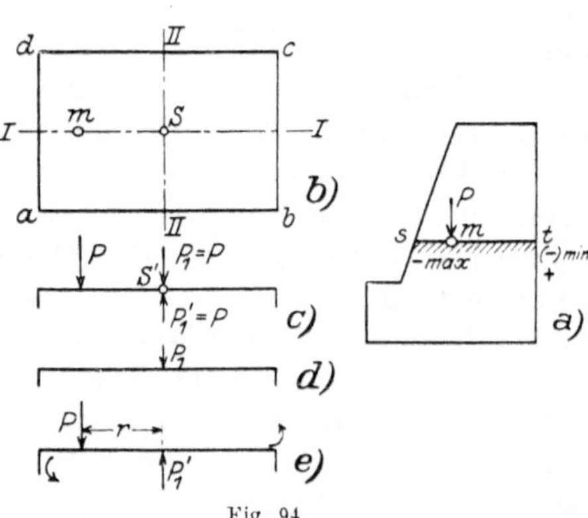

Fig. 94.

in einer seiner Hauptachsen) angreifende senkrechte Kraft P belastet, so kann man (Fig. 94c) im Querschnittsschwerpunkte zwei entgegengesetzte Kräfte P_1 und P_1' sich angebracht denken, die je unter sich gleich und zudem gleich P sind. Trennt man die Wirkung dieser drei Kräfte in der Art, daß einmal (Fig. 94d) nur P_1 im Schwerpunkt als Druckkraft wirkend auftritt, und zum andern die Kräfte P und P_1' unter sich gleich, am Hebelarme r wirkend, verbleiben, so werden diese, da sie ein drehendes Kräftepaar bilden, den Querschnitt zu verbiegen suchen, und zwar in vorliegendem Falle ihn derart aus seiner Ebene heraus um die Schwerachse $II\ II$ drehen, daß an der Kante $a\,d$ die größte Druckwirkung, an der Kante $b\,c$ der Höchstwert einer Zugspannung auftritt. Da die Kraft P_1, im Schwerpunkt liegend, den Querschnitt nur auf Normalspannung belastet, das Kräftepaar in ihm aber Biegungsspannungen hervorruft, so bedingt somit die Wirkung der exzentrisch wirkenden Kraft P eine zusammengesetzte Beanspruchung und zusammengesetzte Spannungen. Zugleich ist ersichtlich, daß die Wirkung zerlegt wird in die einer Normalkraft P und eines Biegungsmomentes $M = P \cdot r$.

Die weiteren zusammengesetzten Festigkeitsarten, Beanspruchungen und Spannungen, die sich bilden bei Vereinigung von Schub- und Normalbelastung, von Biegungs- und Drehungsbeanspruchung, können für die vorliegende Bearbeitung als für die Hochbaukonstruktionen ohne wesentliche Bedeutung ausgeschaltet werden.

2. Die Normalfestigkeit, Druck- und Zugfestigkeit.

a) Die Normalspannungen und Beanspruchungen.

Die Art und Wirkung der hier vorliegenden Beanspruchungsart und Festigkeit ist bereits auf S. 58 erörtert. Bei der hier vorausgesetzten genau zentralen Belastung wird bei einer Druckkraft eine Näherung, bei der Zugbelastung eine Entfernung der benachbarten Querschnitte bedingt.

Ist die den Querschnitt $= F$ zentral und senkrecht beanspruchende Kraft $= P$, entsteht in ihm durch ihre Wirkung eine Spannung $= \sigma$ und nimmt man an, daß sich diese gleichmäßig über den Querschnitt verteilt, so folgt aus der Überlegung, daß im Zustande des Gleichgewichts die inneren Kräfte gleich der äußeren Kraft sein müssen, die grundlegende Beziehung:

$$P = \pm\, \sigma\, F,$$

$$\sigma = +\,\frac{P}{F} \quad \text{bei Zugbelastung,}$$

$$\sigma = -\,\frac{P}{F} \quad \text{bei Druckbelastung.}$$

Hat der Stab verschiedene Querschnitte, so ist naturgemäß in dieser Gleichung der Sicherheit halber — also um σ hoch zu erhalten — der

kleinste Wert von F einzuführen. Das gilt auch, wenn Querschnitte
vorhanden sind, welche durch irgendwelche Einschnitte, Einbohrungen,
Ausklinkungen usw. geschwächt sind; alsdann ist für sie nur der „nutz-
bare" Querschnitt — also abzüglich der Schwächung — in die Rechnung einzuführen.

Wird ein flußeiserner Probestab aus elastischem, homogenen
Stoffe (Fig. 95a) durch eine Zugkraft P zentrisch belastet, so wird er
sich verlängern, hierbei zunächst nur elastische, alsdann dauernde
Formänderungen zeigend. Trägt man unter Zugrundelegung eines
senkrechten Koordinatensystems auf der y-Achse dieses die Belastungs-
größen in bestimmtem Maßstabe, auf der x-Achse die durch genau
arbeitende Apparate zu messenden Dehnungen des Stabes — und
zwar zweckmäßig in vergrößertem Maßstabe — auf und bildet (Fig. 95 b)
aus beiden zur Darstellung des Zusammenhanges zwischen Belastung

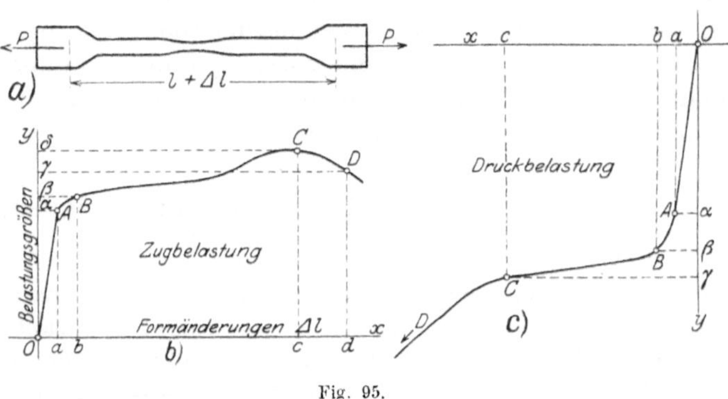

Fig. 95.

(bzw. Spannung) und Dehnung eine Formänderungskurve, so verläuft
diese zunächst vollkommen geradlinig — Strecke OA der Kurve. Innerhalb dieser Strecke sind demgemäß die Dehnungen und Spannungen
unter sich proportional. Die Grenze, bis zu der ein solches Verhalten
bestehen bleibt (A in Fig. 95 b), nennt man die **Proportionalitätsgrenze.** Bis zu ihr gilt also das **Hooksche** oder **Elastizitätsgesetz,**
daß die auftretenden Spannungen proportional den sie bedingenden
Dehnungen sind:

$$\frac{\Delta l}{l} = \frac{\sigma}{E},$$

worin σ die zur Formänderung Δl gehörende Spannung, E die Elastizitätszahl des Materials für die jeweilig vorliegende Beanspruchungs-
art darstellt. Da Δl und l Längen sind, σ eine Spannung darstellt (kg/qcm),
so muß also auch E seiner Einheit nach einen Spannungswert darstellen.

Innerhalb der Grenze OA ist die Formänderung (bei dem hier vorliegenden Eisen) noch rein elastisch, sie verschwindet also nach Aufhören der Kraft wieder; dies verbleibt auch noch auf eine kurze Strecke über die Proportionalitätsgrenze hinaus, wenn auch hier die Formänderungskurve eine starke Krümmung erfährt. Die Grenze, bis zu der die Formänderungen rein elastische sind, also später wieder verschwinden, heißt die **Elastizitätsgrenze.** Sie ist in der Regel verschieden hoch bei verschiedenartiger Belastung und naturgemäß abhängig vom Material. Nach Überschreiten der Elastizitätsgrenze beginnen die Formänderungen bald stärker und mit dem Auge wahrnehmbar zu werden. Es beginnt — von der Grenze B in Fig. 95 b an — der Stab bei Zugbelastung zu „fließen", während bei Druckbeanspruchung ein Zerquetschen deutlich wahrnehmbar wird. Die Grenze, von der dies erkennbar ist, wird die Streck- oder Fließ- bzw. Quetschgrenze benannt. Diese Grenze gibt sich auch im Formänderungsdiagramm durch einen schwächer gekrümmten, zunächst fast geradlinig ansteigenden, dann aber stark sich aufwärts biegenden Verlauf der Kurve zu erkennen. Innerhalb dieses Zwischenraumes entsprechen also der Zunahme der Kraft unverhältnismäßig große, sich stetig steigernde Dehnungen. Im Punkt C erreicht die Kraft ihren Höchstwert; von hier aus fällt die Kurve wieder, bis nahe dem Höchstpunkt (C) die Grenze eintritt, bei der der Stab zum Bruche gelangt. Die dem Punkt C entsprechende Höchstlast $(O\,\delta$ in Fig. 95 b) wird mit „Bruchlast" bezeichnet, die zu ihr gehörende Spannung B r u c h s p a n n u n g oder B r u c h f e s t i g - k e i t benannt.

Bei D r u c k b e l a s t u n g ist das Bild der Formänderung bis zum Beginne der Quetschgrenze im wesentlichen das gleiche wie bei Zugbelastung. Jedoch ist hier weiterhin nur bei spröden Stoffen, wie Gußeisen, Stein, Zement u. a., die Bruchgrenze deutlich erkennbar, während zähe und verhältnismäßig weiche Körper, wie Flußeisen, Kupfer usw., nicht zum Bruch gebracht werden können, da sie sehr große Formänderungen unter Druckbelastung vertragen, ohne daß ein eigentliches Zerbrechen stattfindet; hier ergeben sich Formänderungskurven, wie sie Fig. 95 c veranschaulicht.

Mit der Verlängerung des gezogenen, bzw. der Verkürzung des gedrückten Stabes tritt eine Querschnittsverminderung bzw. -verstärkung namentlich nahe der Stabmitte ein. Die hier auftretende Formänderung kann bei den meist verwendeten elastischen Baustoffen zu etwa ein Drittel bis ein Viertel der Formänderung in der Stabachse geschätzt werden.

Bei der g e s a m t e n L ä n g e n ä n d e r u n g unterscheidet man die b l e i b e n d e und die f e d e r n d e, d. h. rein elastische. Je höher die Belastung steigt, um so größer ist auch die bleibende Formänderung;

eine solche darf bei Konstruktionsteilen gar nicht oder nur in ganz geringem, unschädlichem Maße auftreten. Als ein Maß für den Elastizitätsgrad eines Körpers wird der Quotient aus der federnden durch die gesamte Dehnung bezeichnet:

$$\mu = \frac{\varDelta f}{\sum \varDelta} .$$

Für $\mu = 1$ ergibt sich die vorgenannte Elastizitätsgrenze, da hier die Gesamtdehnung gleich der rein elastischen ist.

Die im Hookschen Gesetz:

$$\frac{\varDelta l}{l} = \alpha = \frac{\sigma}{E}$$

enthaltene Elastizitätszahl wird aus Versuchen ermittelt. Da die Spannung:

$$\sigma = \frac{P}{F}$$

jeweilig ist, so wird:

$$\frac{\varDelta l}{l} = \frac{P}{F E} .$$

In dieser Gleichung sind beim Versuche bekannt alle Werte außer E, das demgemäß unmittelbar als Versuchsergebnis aus Messungen folgt.

Die Elastizitätszahlen der wichtigen Baustoffe des Hochbaues enthält die nachfolgende Zusammenstellung:

Gußeisen. . . . . $E = 1\,000\,000$ kg/qcm
Schweißeisen . . . . $2\,000\,000$,,
Flußeisen . . . . $2\,150\,000$,,
Stahl . . . . $2\,200\,000$,,
Nadelholz . . . . $100\,000$,,
Eiche und Buche . . . . $120\,000$,,
Ziegelmauerwerk . . . . rd. $50\,000$,, ⎫
Bruchsteinmauerwerk . . . . rd. $60\,000 - 100\,000$,, ⎪
Beton i. M. . . . . $220\,000$[1] ,, ⎬ bei Druck-
Granit . . . . $300\,000$,, ⎪ belastung
Sandstein, Kalkstein . . . . $150\,000 - 200\,000$,, ⎭

Bei vielen, namentlich bei steinartigen Körpern ist nicht wie bei den rein elastischen Eisenbaustoffen E eine konstante Größe, sondern

-----

[1] Im Verbundbau i. d. R.: $140\,000$ kg/qcm.

unter anderen Funktionen in hohem Maße abhängig von der Größe der jeweiligen Spannung, also der Last. Das gilt namentlich von Zementmörtel und Beton, bei denen die Zahl E geringer wird mit höherer Spannung[1]).

Es sei besonders hervorgehoben, daß die obigen Werte von E in der **Einheit von kg/qcm** angegeben sind, daß also bei Veränderung der Einheit eine Umrechnung notwendig wird. So ergibt sich z. B. für: Flußeisen: $E = 2\,150\,000$ kg/qcm $= 2150$ t/qcm bzw. $21\,500\,000$ t/qm; Beton: $E = 200\,000$ kg/qcm $= 200$ t/qcm $= 2\,000\,000$ t/qm.

Da bei Baukonstruktionsteilen keine bleibenden Formänderungen verbleiben dürfen, also auch die Elastizitätsgrenze des Materials, geschweige denn seine weiter hinausliegenden Gefahrgrenzen nicht erreicht werden dürfen, so darf ein Stab, Körper usw. nur mit einem bestimmten Teil seiner Bruchfestigkeit beansprucht werden, der sich nach dem Baustoff und der Beanspruchungsart richtet.

Bezeichnet man mit σ die unter diesem Gesichtspunkte als erlaubt angesehene, **zulässige Spannung,** mit σ_b die Bruchspannung und mit s die notwendige, letztere ausschließende Sicherheit, so wird:

$$\sigma = \frac{\sigma_b}{s}.$$

Bei Fluß- und Schweißeisen ist s in der Regel 4, bei Gußeisen auf Druck 8—10, auf Zug rd. 6, bei Holz auf Druck 6—8, auf Zug 8—12, bei Beton rd. 5—6, bei Natursteinquadern etwa 15—20, bei Mauerwerk rd. 20. Hierbei ist naturgemäß zu beachten, daß viele Baustoffe, wie Beton und Steine, vorwiegend nur auf Druck belastet werden dürfen, da sie eine zum mindesten unsichere, oft aber nur geringe Zugsicherheit besitzen. Ist ihre Zugbeanspruchung in besonderen Fällen nicht vermeidbar, so wird man etwa damit rechnen können, daß die Zugfestigkeit dieser Stoffe rd. $^1/_{10} - ^1/_{12}$ der Druckfestigkeit ist und eine etwa 4—6fache Sicherheit gegenüber dem Auftreten von Rissen angezeigt erscheint. Bei in Zementmörtel ausgeführtem Mauerwerk wird man mit einer Zugfestigkeit der Mörtelfuge von etwa 12 kg/qcm rechnen, also ihr eine Zugbelastung von rd. 2 kg/qcm zuweisen können, ohne ein Auftreten von Rissen befürchten zu müssen.

Über die zulässigen Spannungen der wichtigen Hoch-

---

[1]) Es nimmt z. B. die Elastizitätszahl bei Druckbelastung und einem Zementbeton von 1 : 3 mit 8 v. H. Wasser ab, bei $\sigma = 3{,}0$ kg/qcm bzw. 60 kg/qcm von 300 000 auf 240 000 kg/qcm und bei einem Wassergehalt von 14 v. H. von 272 000 auf 209 000 kg/qcm; ähnlich liegen die Verhältnisse bei Zugbelastung: bei $\sigma = 1{,}6$ bis 9,2 kg/qcm nimmt die Elastizitätszahl bei 8 v. H. Wasser ab von 267 000 auf 196 000 kg/qcm. Noch erheblich stärker weichen die Zahlen bei Druckbeanspruchung der Naturgesteine ab. So fand v. Bach bei Sandstein von $\sigma = 0{,}1$ bis 16,4 kg/qcm und Zugbelastung $E = 93\,700$ bis 21 000 kg/qcm.

baustoffe auf Druck und Zug gibt die nachfolgende Zusammenstellung Auskunft.

Zulässige Beanspruchungen auf Druck und Zug
(bei Normalbeanspruchung).

Baustoffe	Zulässige Beanspruchung in kg/qcm	
	auf Druck	auf Zug
Gußeisen	500—800	250
Schweißeisen	750—1000	750—1000
Flußeisen	1000—1200 (1400)	1000—1200 (1400)
Nadelholz	60	80—100
Laubholz (Eiche, Buche)	80—100	100—120
Granit	50—75	—
Sandstein	20—35	—
Kalkstein	i. M. 25	—
Bruchsteinmauerwerk in Kalkmörtel	20	—
desgl. in verlängertem Zementmörtel	25—30	—
Ziegelmauerwerk in Kalkmörtel	7	—
desgl. in verlängertem Zementmörtel	12	—
desgl. in Zementmörtel 1 : 3	14—16	—
Bestes Hartbrandsteinmauerwerk in Zementmörtel	20—30	—
Beton 1 : 3 : 3	20—35	—
Beton 1 : 3 bzw. 1 : 4 (Eisenbeton)	35—50	—

b) Zahlenbeispiele.

1. Ein aus zwei Flacheisen von je 1 cm Stärke gebildeter Stab, der
je durch ein Nietloch von 2 cm Durch-
messer geschwächt ist, hat eine Kraft von
24 t zu tragen. Wie groß ist seine Breite b
zu gestalten? Als zulässige Spannung σ
wird 1200 kg/qcm zugelassen. Demgemäß
wird:

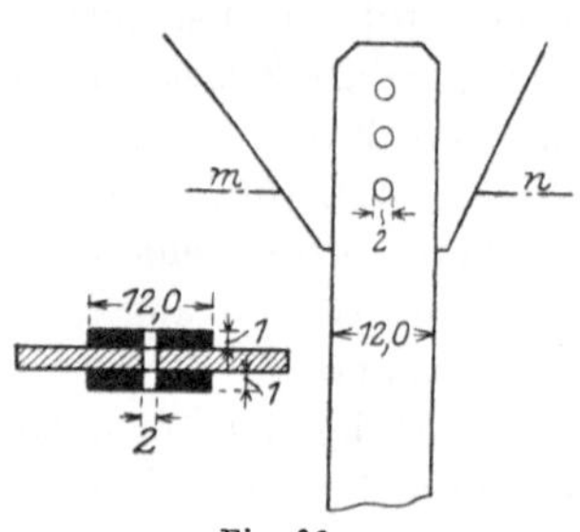

Fig. 96.

$$F = \frac{24000}{1200} = 20 \text{ qcm}.$$

Da (Fig. 96) der Stab um den Betrag von
$2 \cdot 1 \cdot 2 = 4$ qcm geschwächt ist, so ist seine Breite b aus der Beziehung abzuleiten:

$$(2\,b \cdot 1{,}0)\ \text{qcm} = (20 + 4)\ \text{qcm}$$

$$b = \frac{24}{2} = 12 \text{ cm}.$$

2. Eine Rundeisenzugstange ($\sigma = 1200$ kg/qcm) habe 6000 kg zu
tragen. Gesucht wird ihr Durchmesser $= d$.

Es ist:

$$F = \frac{6000}{1200} = 5\,\text{qcm} = \frac{d^2\,\pi}{4}\,,$$

$$d = \sqrt{\frac{5 \cdot 4}{3,14}} \cong 2,7\,\text{cm}.$$

3. Ein quadratisches Eisen hat 3 cm Seite und eine Zuglast von $P = 6000$ kg zu tragen. Gesucht wird die Spannung. Hier ist $F = 3 \cdot 3 = 9$ qcm und demgemäß:

$$\sigma = \frac{P}{F} = \frac{6000}{9} = 667\,\text{kg/qcm}.$$

4. Der kreisringförmige Querschnitt einer gußeisernen Säule hat einen äußeren Durchmesser von $D = 24$, einen inneren $d = 16$ cm. Die zulässige Beanspruchung beträgt 500 kg/qcm. Die Tragfähigkeit der Säule ist zu berechnen.

Da hier:

$$F = \frac{(20^2 - 16)^2\,3,14}{4} = 113,1\,\text{qcm}$$

ist, so wird mit $\sigma = 500$ kg/qcm:

$$P = F \cdot \sigma = 113,1\,\text{qcm} \cdot 500\,\text{kg/qcm} = 56\,550\,\text{kg}.$$

5. Bei einer Säule, ähnlich wie unter 4, ist $P = 30\,000$ kg, $\sigma = 500$ kg/qcm, $D = 12$ cm. Gesucht wird der innere Durchmesser $= d$.

$$F = \frac{P}{\sigma} = \frac{30\,000}{500} = 60\,\text{qcm}, \qquad F = \frac{(D^2 - d^2)\,3,14}{4} = 60\,\text{qcm},$$

$$d^2 = D^2 - \frac{4 \cdot 60}{3,14} = 144 - \frac{240}{3,14} = 144 - 76,4 = 67,6;\quad d = 8,2\,\text{cm}.$$

Demgemäß erhält die Säule eine Wandstärke von:

$$\frac{D - d}{2} = \frac{12 - 8,2}{2} = 1,9\,\text{cm}.$$

6. Wieviel vermag ein Ziegelpfeiler von $1\frac{1}{2}$ Steinstärke in Kalkmörtel gemauert zu tragen? Hier ist die Pfeilerstärke 38 cm, also:

$$F = 38^2 = 1444\,\text{qcm},$$

$$P = \sigma F = 7 \cdot 1444 = 10\,108\,\text{kg} = \text{rd. } 10\,\text{t}.$$

Wird der Mauerpfeiler in verlängertem Zementmörtel gemauert, für σ also der Wert 12 kg/qcm zugelassen, so wird seine Tragfähigkeit:

$$P = 12 \cdot 1444 = 17\,328\,\text{kg},$$

d. h. wie zu erwarten steht, sehr erheblich höher.

7. Ein Dachstuhl (Fig. 97) überträgt an seinem Auflager eine Last von 50 t und belastet mit seiner Unterlagsplatte einen Quader ($\sigma = 20\,\mathrm{kg/qcm}$); dieser bindet in ein Mauerwerk ein, das mit $\sigma = 11\,\mathrm{kg/qcm}$ beansprucht werden darf. Die Grundflächenabmessungen der Auflagerplatte und des Quaders sind zu ermitteln. Für die Auflagerplatte folgt:

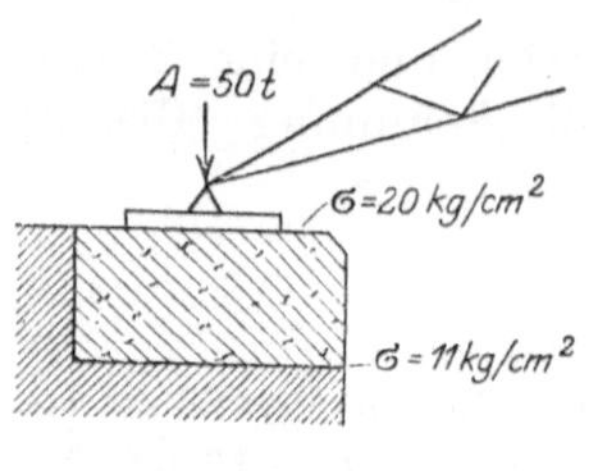

Fig. 97.

$$F_1 = \frac{50\,000}{20} = 2500\,\mathrm{qcm}.$$

Macht man sie quadratisch, so ergibt sich demgemäß eine Seite $= 50$ cm.

Für die Quaderfläche folgt:

$$F_2 = \frac{50\,000}{11} = 4545\,\mathrm{qcm}.$$

Hier wird eine Grundfläche von $70 \times 70 = 4900$ qcm gewählt.

8. Ein kurzer Stiel aus Kiefernholz hat eine Druckkraft $= 20$ t zu tragen. Eine Abmessung seines Rechteckquerschnitts beträgt 12 cm, die andere wird gesucht. $\sigma = 60\,\mathrm{kg/qcm}$.

$$F = 12 \cdot x = \frac{20\,000}{60} = 333{,}5\,\mathrm{qcm}$$

$$x = \frac{333{,}3}{12} = \mathrm{rd.}\,28\,\mathrm{cm}\,.$$

Demgemäß wird ein Stiel 28/12 zu verwenden sein.

9. Ein Steinpfeiler nach Fig. 98 habe die Höhe von 1,00 m, ein Raumgewicht von 2,3 und eine zentrale Last von $P = 10\,000$ kg zu tragen. Wie groß muß unter Hineinrechnung seines Eigengewichtes seine Grundfläche gemacht werden, wenn diese nur mit 7 kg/qcm beansprucht werden darf.

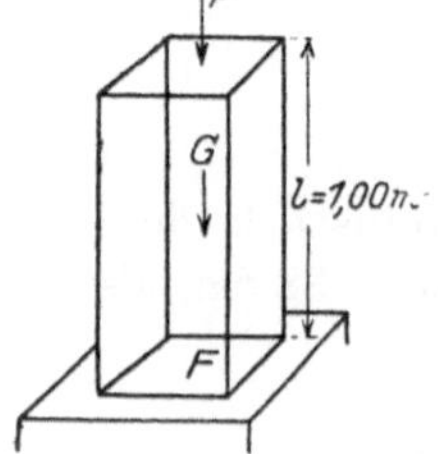

Fig. 98.

Bezeichnet man (Fig. 98) das Gewicht des Pfeilers mit G, die gesuchte Grundfläche mit F, so ist:

$$G = \gamma \cdot F \cdot l$$

und die Gesamtlast:

$$P + \gamma\,F\,l\,.$$

Somit wird:

$$F = \frac{P + \gamma\,F\,l}{\sigma}\,, \qquad F - \frac{\gamma\,F\,l}{\sigma} = \frac{P}{\sigma}\,; \qquad F\left(1 - \frac{\gamma\,l}{\sigma}\right) = \frac{P}{\sigma}\,.$$

Bei Einsetzung der Zahlen ist darauf zu achten, daß für γ, σ und P dieselben Gewichtseinheiten innegehalten werden. Da $\sigma = 7\,\mathrm{kg/qcm}$

ist, so ist demgemäß für γ auch der Wert in kg/cbm einzusetzen, d. h. da $\gamma = 2300$ kg/cbm ist:

$$\gamma = \frac{2300}{100^3} = 0{,}0023 \text{ kg/cbcm}$$

einzuführen; ebenso ist P in kg und l in cm zu rechnen:

$$F\left(1 - \frac{0{,}0023 \cdot 100}{7}\right) = \frac{10\,000}{7},$$

$$F \cdot 0{,}967 = 1430, \qquad F = 1478 \text{ qcm.}$$

Dasselbe Ergebnis entsteht naturgemäß, wenn man γ in kg/cbm $= 2300$ einführt und demgemäß σ ebenfalls in kg/qm ausdrückt. $\sigma = 70\,000$ kg/qm. Alsdann ist l in m einzuführen, während P in kg verbleibt.

$$F\left(1 - \frac{2300 \cdot 1{,}0}{70\,000}\right) = \frac{10\,000}{70\,000},$$

$$F \cdot 0{,}967 = 0{,}143, \qquad F_1 = 0{,}1478 \text{ qm} = \mathbf{1478 \text{ qcm.}}$$

10. Ein Flacheisen mit $d \cdot b = 2{,}5 \cdot 9$ qcm Querschnitt und $3{,}5$ m Länge hat eine Kraft $P = 18$ t auf Zug zu tragen. Die auftretende Spannung und die Dehnung des Stabes sind zu ermitteln.

$$\sigma = \frac{P}{db} = \frac{18\,000}{2{,}5 \cdot 9} = 800 \text{ kg/qcm,}$$

$$\Delta l = \frac{\sigma}{E} \cdot l = \frac{800}{2\,150\,000} \cdot 350 = \text{rd. } 0{,}13 \text{ cm.}$$

11. Eine schweißeiserne Rundstange hat bei einer Beanspruchung durch eine Zugkraft $P = 15$ t eine Verlängerung $\Delta l = \frac{1}{3000}\,l$ ergeben. Der Durchmesser der Stange wird gesucht.

Es ist:

$$\frac{d^2\pi}{4} \cdot \sigma = P = 15\,000 . \qquad \frac{\Delta l}{l} = \frac{1}{3000} = \frac{\sigma}{E} = \frac{\sigma}{2\,000\,000},$$

$$\sigma = \frac{2\,000\,000}{3000} = 666{,}6 \text{ kg/qcm,}$$

$$\frac{d^2\pi}{4} = \frac{15\,000}{666{,}6}, \qquad d = \sqrt{\frac{4 \cdot 15\,000}{3{,}14 \cdot 666{,}6}} = \mathbf{5{,}35 \text{ cm.}}$$

12. Bei einer Druckbelastung durch $P = 245$ t drückt sich ein 40 cm langer Probestab aus Gußeisen von $F = 350$ qcm um 0,28 mm zusammen. Gesucht wird die Elastizitätszahl des Eisens.

Es ergibt sich aus:

$$\alpha = \frac{\Delta l}{l} = \frac{\sigma}{E} = \frac{P}{F E},$$

$$E = \frac{P\,l}{F\,\Delta l} = \frac{245\,000 \cdot 40}{350 \cdot 0{,}028} = \frac{700\,000 \cdot 40}{28} = 1\,000\,000 \text{ kg/qcm}.$$

Hierbei ist auf die Innehaltung der Einheiten — alle Größen in kg und cm — zu achten.

3. Die Knickfestigkeit.

a) Die Eulersche Gleichung.

Bereits auf S. 58 wurde darauf hingewiesen, daß, wenn die Länge eines Stabes im Vergleich zu seiner Querschnittsfläche groß ist, unter dem Einflusse einer Druckkraft ein Ausbiegen stattfinden kann. Alsdann wirkt auf einen jeden Querschnitt neben der Druckkraft noch ein Biegungsmoment ein, das naturgemäß um so größer ist, je weiter sich die Stabachse nach der Knickung aus ihrer ursprünglichen Lage verschoben hat. Hierbei ist zwar im allgemeinen die Ausknickung des Stabes nach jeder Richtung denkbar, sie wird sich aber vor allem nach der geringeren oder größeren Steifigkeit des Querschnitts richten und demgemäß aus der Ebene heraus zu erwarten stehen, die durch die Achse des kleinsten Trägheitsmomentes gelegt wird, also auf der des größten senkrecht steht. Dies folgt daraus, daß die seitliche Ausbiegung auch durch eine zur Stabachse senkrechte Kraft veranlaßt werden kann und hier um so eher ein Ausbiegen stattfindet, je näher die Kraftebene mit der Ebene, durch die Achse von $J_{\max}$ gelegt zusammenfällt, eine Beanspruchung, für die also $J_{\min}$ in Frage kommt.

Die Berechnung der Last, welche ein Stab auf Knicken zu tragen vermag, bei der also mit seinem Ausknicken zu rechnen und der Zustand der Knickfestigkeit erreicht ist, erfolgt nach der von Euler aufgestellten, auf der Form der Wellenlinie als Biegelinie beruhenden Gleichung: der Euler - Gleichung:

$$P_0 = \frac{C\,E\,J_{\min}}{l^2};$$

oder, wenn man eine ausreichende Sicherheit dafür einführt, daß diese Gefahrengrenze nicht erreicht wird, nach der Beziehung:

$$P = \frac{C\,E\,J_{\min}}{s \cdot l^2}.$$

Hierbei bedeutet C eine von der Lagerung des Stabes, also dem Anschlusse dieses nach oben und unten abhängige Zahl; E stellt die Elastizitätszahl des Materials dar, $J_{\min}$ ist das kleinste Trägheitsmoment des Querschnitts.

l ist die mathematische Länge des Stabes. Die Sicherheit s wird für Gußeisen zu 8—10, für Schweißeisen zu 5, für Flußeisen zu 4—5, für Holz zu 10—12 genommen.

Bei der Lagerung der Stäbe werden die vier Stützungsarten in Fig. 99a—d unterschieden.

I. Der Stab ist an einem Ende eingespannt, an seinem anderen Ende vollkommen frei; hier ist $C = \dfrac{\pi^2}{4}$.

II. Der Stab ist an seinen beiden Enden gelenkartig, d. h. frei drehbar geführt. Dieser Fall ist der für Baukonstruktionen wichtigste und meist vorhandene; er wird deshalb auch als Normalfall bezeichnet, und bei allen Druckgliedern von Fachwerkskonstruktionen für deren Knickberechnung zugrunde gelegt. Hier ist $C = \pi^2$.

III. Der Stab ist an dem einen Ende gelenkig, also frei drehbar gelagert, am anderen eingespannt. $C = 2\,\pi^2$.

IV. Der Stab ist beiderseits frei eingespannt. $C = 4\,\pi^2$.

Setzt man, da es sich bei der Knickberechnung doch nur vorwiegend um eine Schätzungsrechnung handelt, $\pi^2 \gtrsim 10$, so ergeben sich für die vier Stützungsarten nach Fig. 99 a — d die Gleichungen:

$$1.\quad P = 2{,}5 \cdot \frac{E\,J_{\min}}{s\,l^2},$$

$$2.\quad P = 10 \cdot \frac{E\,J_{\min}}{s\,l^2},$$

$$3.\quad P = 20 \cdot \frac{E\,J_{\min}}{s\,l^2},$$

$$4.\quad P = 40 \cdot \frac{E\,J_{\min}}{s\,l^2}.$$

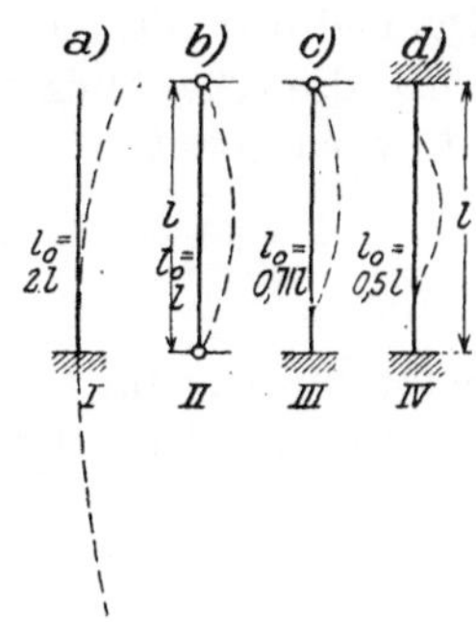

Fig. 99.

Geht man vom Normalfall (Fig. 99b) aus, so kann man auch unter Einführung der wirklichen, auf die Ausbiegung im Normalfall bezogenen Knicklänge die obigen Beziehungen entwickeln.

In Fall I (Fig. 99a) ist, wenn man die Knicklänge im Vergleich zu Form und Ausdehnung der Ausbiegung in Fig. 99b mit l_0 bezeichnet, $l_0 = 2\,l$, in Fall III $l_0 = 0{,}71\,l$, im Fall IV $l_0 = 0{,}5\,l$. Hierin bedeutet l die mathematische Länge. In der ersten Beziehung gibt sich deutlich die erheblich leichtere Knickmöglichkeit der einseitig vollkommen freien Säule zu erkennen, während die Verringerungen der Knicklänge bei Fall III und IV der Einwirkung der Einspannung des Stabes Rechnung tragen. Unter Einführung dieser wirklichen Knicklängen in die Gleichung für den Normalfall folgen dieselben Beziehungen, wie vorstehend gegeben:

$$1.\ P = \frac{10\,E\,J_{\min}}{s\,(2\,l)^2} = \frac{10}{4}\,\frac{E\,J_{\min}}{s\,l^2} = 2{,}5\,\frac{E\,J_{\min}}{s\,l^2}\ ,$$

$$2.\ P = \frac{10\,E\,J_{\min}}{s\,l^2}\ \ (\text{Normalfall})\ ,$$

$$3.\ P = \frac{10\,E\,J_{\min}}{s\,(0{,}71\,l)^2} = \frac{10\,E\,J_{\min}}{\tfrac{1}{2}\,s\,l^2} = \frac{20\,E\,J_{\min}}{s\,l^2}\ ,$$

$$4.\ P = \frac{10\,E\,J_{\min}}{s\,(0{,}5\,l)^2} = \frac{10\,E\,J_{\min}}{\tfrac{1}{4}\,s\,l^2} = \frac{40\,E\,J_{\min}}{s\,l^2}\ .$$

Für die Berechnungen der Praxis wird die Eulergleichung für den Normalfall zweckmäßig vereinfacht und, je nach dem jeweilig vorliegenden Material, dessen E und die zugehörende Sicherheit s in Zahlenwerten eingeführt.

Für **Gußeisen** ist: $E = 1\,000\,000$ kg/qcm. Da in der Regel der Querschnitt des auf Knickung belasteten Stabes gesucht wird, so wird die Gleichung nach dem Wert $J_{\min}$ entwickelt. Da hier $s = 8$ ist, wird somit:

$$J_{\min} = \frac{s\,P\,l^2}{10\,E} = \frac{8 \cdot P\,l^2}{10 \cdot 1\,000\,000}\ .$$

Setzt man hierin l in m, P in kg ein, so muß auch E in kg/qm eingeführt werden; alsdann ergibt sich $J_{\min}$ in m⁴:

$$J_{\min}\ \mathrm{m}^4 = \frac{8\,P \cdot l^2}{10 \cdot 10\,000\,000\,000}\ .$$

Um die vielen Dezimalstellen zu vermeiden, soll $J_{\min}$ in cm⁴ erscheinen; alsdann ist die rechte Gleichungsseite mit 100^4 zu multiplizieren:

$$J_{\min}\ \mathrm{cm}^4 = \frac{8\,P\,l^2\,100^4}{10 \cdot 10\,000\,000\,000} = \frac{P\,l^2}{125}\ .$$

Wird endlich, zur weiteren Rechnungsvereinfachung P in t-Einheit eingeführt $= P_1$, so ist die rechte Gleichungsseite nochmals mit 1000 zu erweitern:

$$J_{\min}\ \mathrm{cm}^4 = \frac{P_1\,l^2}{125} \cdot 1000 = 8\,P_1\,l^2\ , \qquad P_1 = 0{,}125\,\frac{J_{\min}}{l^2}\ .$$

Aus der Gleichung ergibt sich also J in cm⁴, wenn P_1 in t und l in m eingeführt wird.

Ist z. B. $P_1 = 20$ t, $l = 5$ m, so wird:

$$J_{\min} \text{ cm}^4 = 8 \cdot 20 \cdot 25 = 8 \cdot 500 \text{ cm}^4 = 4000 \text{ cm}^4.$$

Wird $s = 10$ gewählt, so wird:

$$J_{\min} = \frac{P\,l^2}{100} \text{ bzw. } = 10\,P_1\,l^2$$

und somit:

$$P_1 = 0{,}1\,\frac{J_{\min}}{l^2}$$

In genau der gleichen Weise wird entwickelt für **Schweißeißen.**
$E = 2\,000\,000$ kg/qcm, $s = 5$:

$$J_{\min} = \frac{P\,l^2}{400}\,,$$

und:

$$J_{\min} = 2{,}5\,P_1\,l^2\,, \qquad P_1 = 0{,}4\,\frac{J_{\min}}{l^2}\,,$$

für **Flußeisen.** $E = 2\,150\,000$ kg/qcm, $s = 5$:

$$J_{\min} = \frac{P\,l^2}{430}\,,$$

und:

$$J_{\min} = 2{,}33\,P_1\,l^2\,, \qquad P_1 = 0{,}43\,\frac{J_{\min}}{l^2}\,;$$

bzw. für $s = 4$:

$$J_{\min} = \frac{P\,l^2}{537}$$

und:

$$J_{\min} = 1{,}87\,P_1\,l^2\,, \qquad P_1 = 0{,}54\,\frac{J_{\min}}{l^2}\,;$$

endlich für **Kiefernholz,** $E = 120\,000$ kg/qcm, $s = 10$:

$$J_{\min} = \frac{P\,l^2}{12}$$

und:

$$J_{\min} = 83{,}3\,P_1\,l^2\,, \qquad P_1 = 0{,}012\,\frac{J_{\min}}{l^2}\,.$$

Liegt ein anderer Stützungsfall als der Normalfall vor, so sind für
l die wirklichen Knicklängen nach den voranstehenden Ausführungen,
also $2\,l$ bzw. $0{,}71\,l$ bzw. $0{,}5\,l$ einzuführen.

b) Die Grenzen der Gültigkeit der Eulergleichung und die Gleichungen von Tetmajer.

Durch praktische Versuche ist von Tetmajer nachgewiesen worden, daß die Eulergleichung nur innerhalb bestimmter Grenzen Gültigkeit besitzt, daß sie namentlich bei Gußeisen in der Regel, sowie bei schmiedbarem Eisen in den Fällen versagt, in denen der Stab kräftig konstruiert und nicht in höherem Grade elastisch ist.

Führt man die Knickspannung k_0 ein, d. h. die Spannung bei der gerade ein Zerknicken eintritt, so wird, wenn P_0 die Knicklast und F den kleinsten Querschnitt darstellt:

$$k_0 = \frac{P_0}{F}$$

und hieraus nach Euler:

$$k_0 = \frac{C \cdot E\, J_{min}}{F\, l^2}\,.$$

Da $\dfrac{J_{min}}{F} = i^2$ gleich dem Quadrate der Trägheitsradius ist (vgl. S. 55), so wird: $\quad k_0 = C\, E \left(\dfrac{i}{l}\right)^2$.

Für das Verhältnis l/i sind durch Tetmajer die Grenzen der Gültigkeit der Eulergleichung bestimmt; da bei den hierzu dienenden ausgedehnten Versuchsreihen die Stützung der Säulen der Normalstützung entsprach, ist in der obigen Beziehung und den weiter unten mitgeteilten Tetmajerschen Tabellen l auch die wirkliche Knicklänge. Für π^2 wird sein genauer Wert: 9,87 eingeführt. Die Knickspannung k_0 erscheint in t/qcm; demgemäß ist auch diese Einheit für die Zahl E maßgebend.

Für **Gußeisen** ergibt sich, daß nur Säulen mit

$$\frac{l}{i} \gtreqless 80$$

der Eulergleichung folgen:

$$k_0 = 9,87 \cdot 1000 \left(\frac{i}{l}\right)^2 = 9870 \left(\frac{i}{l}\right)^2 = \text{rd. } 10\,000 \left(\frac{i}{l}\right)^2,$$

daß aber unterhalb dieser Grenze die Beziehung gilt:

$$k_0 = \frac{P_0}{F} = +7,76 - 0,120\,\frac{l}{i} + 0,00053 \left(\frac{l}{i}\right)^2,$$

worin alle Werte in t- bzw. cm-Einheiten zugrunde gelegt sind.

Die nachstehende Tabelle enthält für **Gußeisen** für eine größere Anzahl Werte l/i, die zugehörenden k_0-Werte, und zwar sowohl innerhalb wie außerhalb des Gültigkeitsbereiches der Eulergleichung.

Tabelle der Knickspannung k_0 für graues Gußeisen.
(Druckfestigkeit 8 t/qcm.)

a) $\dfrac{l}{i} = 10$ bis 80

$$h_0 = 7{,}76 - 0{,}12\,\frac{l}{i} + 0{,}000\,53\left(\frac{l}{i}\right)^2 \text{ t/qcm.}$$

b) $\dfrac{l}{i} > 80$

$$k_0 = 9870\left(\frac{i}{l}\right)^2 \text{ t/qcm.}$$

$\dfrac{l}{i}$	k_0 t/qcm	$\dfrac{l}{i}$	k_0 t/qcm	$\dfrac{l}{i}$	k_0 t/qcm	$\dfrac{l}{i}$	k_0 t/qcm
10	6,613	$47^1/_2$	3,256	$82^1/_2$	1,450	135	0,542
$12^1/_2$	6,343	50	3,085	85	1,366	140	0,504
15	6,079	$52^1/_2$	2,921	$87^1/_2$	1,289	145	0,470
$17^1/_2$	5,822	55	2,763	90	1,218	150	0,439
20	5,572	$57^1/_2$	2,612	$92^1/_2$	1,154	155	0,411
$22^1/_2$	5,328	60	2,468	95	1,094	160	0,386
25	5,091	$62^1/_2$	2,330	$97^1/_2$	1,038	165	0,363
$27^1/_2$	4,861	65	2,199	100	0,987	170	0,342
30	4,637	$67^1/_2$	2,075	105	0,895		
$32^1/_2$	4,420	70	1,957	110	0,816		
35	4,209	$72^1/_2$	1,846	115	0,746		
$37^1/_2$	**4,005**	75	1,741	120	0,686		
40	3,808	$77^1/_2$	1,643	125	0,632		
$42^1/_2$	3,617	80	1,552	130	0,584		
45	3,433						

Für **Flußeisen** $(E = 2150 \text{ t/qcm})$ liegt die Grenze der Gültigkeit bei:

$$\frac{l}{i} > 105. \qquad k_0 = 9{,}87 \cdot 2150\left(\frac{i}{l}\right)^2 = 21\,220\left(\frac{i}{l}\right)^2.$$

Für $\dfrac{l}{i} = 15$ bis 105 gilt:

$$k_0 = 3{,}10 - 0{,}0114\,\frac{l}{i}.$$

Die Knickzahlen für Flußeisen k_0 sind der nachfolgenden Tabelle zu entnehmen; in ihr finden sich die Angaben für eine größere Anzahl $\dfrac{l}{i}$-Werte sowohl für den Bereich der Gültigkeit der Eulergleichung als auch bei deren Versagen.

Tabelle der Knickspannung k_0 für Flußeisen.

a) $\dfrac{l}{i} = 15$ bis 105

$$k_0 = 3{,}10 - 0{,}0114 \left(\frac{l}{i}\right) \text{ t/qcm.}$$

b) $\dfrac{l}{i} > 105$

$$k_0 = 21\,220 \left(\frac{i}{l}\right)^2 \text{ t/qcm.}$$

$\dfrac{l}{i}$	k_0 t/qcm	$\dfrac{l}{i}$	k_0 t/qcm	$\dfrac{l}{i}$	k_0 t/qcm
15	2,929	$62^1/_2$	2,387	$107^1/_2$	1,836
$17^1/_2$	2,905	65	2,359	110	1,754
20	2,872	$67^1/_2$	2,331	115	1,605
$21^1/_2$	2,844	70	2,302	120	1,474
25	2,815	$72^1/_2$	2,274	125	1,358
$27^1/_2$	2,786	75	2,245	130	1,256
30	2,758	$77^1/_2$	2,217	135	1,165
$32^1/_2$	2,729	80	2,188	140	1,083
35	2,701	$82^1/_2$	2,159	145	1,009
$37^1/_2$	2,673	85	2,131	150	0,943
40	2,644	$87^1/_2$	2,101	155	0,883
$42^1/_2$	2,615	90	2,074	160	0,829
45	2,587	$92^1/_2$	2,046	165	0,779
$47^1/_2$	2,558	95	2,017	170	0,734
50	2,530	$97^1/_2$	1,989	175	0,693
$52^1/_2$	2,501	100	1,960	180	0,655
55	2,473	$102^1/_2$	1,931	185	0,620
$57^1/_2$	2,444	105	1,903	190	0,588
60	2,416			195	0,558
				200	0,531

Die Tabellen gestatten die Berechnung der Knicklast P_0 auf sehr einfachem und schnellem Wege, wenn man die Größe $\dfrac{l}{i}$ kennt. Da $P_0 = k_0\,F$ ist, so wird die erlaubte Traglast bei einer Sicherheit $= s$:

$$P = \frac{k_0\,F}{s} = \frac{P_0}{s}\,.$$

Auch bei diesen Gleichungen ist einer anderen Lagerungsart als im Normalfalle durch Einführung der wahren Knicklänge (vgl. S. 71) Rechnung zu tragen.

Über die Größe der Trägheitsradien für die deutschen Normalprofile geben die Tabellen im Anhange von Heft III Aufschluß.

Für die Bestimmung der Querschnitte und Trägheitsmomente ringförmiger gußeiserner Säulen kann von der nachfolgenden Zusammenstellung vorteilhaft Gebrauch gemacht werden.

Tabelle der Querschnittsflächen (F), Trägheits- (J) und Widerstandsmomente (W) von häufiger vorkommenden ringförmigen Querschnitten.

$D =$ äußerer Durchmesser. $\delta =$ Wandstärke.

D cm	δ cm	F qcm	J cm⁴	W cm³	D cm	δ cm	F qcm	J cm⁴	W cm³	D cm	δ cm	F qcm	J cm	W cm³
10	1,0	28,27	289,8	57,96	16	2,8	116,1	2643	330,3	25	2,2	157,6	10334	827,0
	1,2	33,18	372,1	65,42	17	1,2	59,57	1869	219,9		2,5	176,7	11320	905,7
	1,5	40,66	373,0	74,59		1,5	73,04	2214	260,5		2,8	195,3	12222	977,7
	1,8	46,37	408,5	81,70		1,8	85,95	2517	296,1		3,0	207,4	12778	1022
	2,0	50,27	427,3	85,45		2,0	94,25	2698	317,4		3,5	236,4	14022	1122
11	1,2	36,95	405,2	81,85		2,2	102,30	2863	336,8	27,5	2,0	160,2	13102	953
	1,5	44,77	517,6	94,11		2,5	113,88	3082	362,6		2,2	174,9	14095	1025
	1,8	52,02	571,5	103,9		2,8	124,90	3271	384,8		2,5	196,4	15493	1127
	2,0	56,55	600,8	109,2		3,0	131,95	3381	297,8		2,8	217,3	16782	1221
	2,2	60,82	625,6	113,8	18	1,2	63,35	2246	249,5		3,0	230,9	17585	1279
12	1,2	40,71	601,0	100,2		1,5	77,75	2668	294,4		3,5	263,9	19397	1411
	1,5	49,18	695,8	116,0		1,8	91,61	3042	338,0	30,0	2,0	175,9	17327	1155
	1,8	57,68	773,5	128,9		2,0	100,50	3267	363,0		2,2	192,1	18676	1246
	2,0	62,83	816,8	136,1		2,2	109,20	3475	386,1		2,5	216,0	20586	1372
	2,2	67,73	854,1	142,4		2,5	121,74	3751	416,8		2,8	239,3	22359	1491
	2,5	74,62	900,0	150,0		2,8	133,70	3992	443,6		3,0	254,5	23472	1565
13	1,2	44,48	782,3	120,3		3,0	141,40	4135	459,5		3,5	291,4	26021	1735
	1,5	54,19	911,1	140,2	19	1,5	82,47	3180	334,8	32,5	2,0	191,6	22377	1377
	1,8	63,33	1019	156,8		1,8	97,26	3636	382,8		2,2	209,4	24157	1487
	2,0	69,11	1080	166,1		2,0	106,80	3912	411,8		2,5	235,6	26688	1643
	2,2	74,64	1134	174,4		2,2	116,10	4168	438,7		2,8	261,3	29058	1788
	2,5	82,47	1201	184,8		2,5	129,59	4511	474,9		3,0	278,0	30554	1880
14	1,2	48,26	996,9	142,4		2,8	142,50	4814	506,8		3,5	318,9	34005	2093
	1,5	58,90	1167	166,7		3,0	150,80	4995	525,8	35	2,0	207,4	28325	1619
	1,8	68,99	1311	187,4	20	1,5	87,18	3754	375,4		2,2	226,7	30619	1750
	2,0	75,40	1395	199,3		1,8	102,9	4303	430,3		2,5	255,3	33896	1937
	2,2	81,56	1469	209,9		2,0	113,1	4637	463,7		2,8	283,3	36983	2114
	2,5	90,32	1564	223,4		2,2	123,0	4948	494,8		3,0	301,6	38938	2225
15	1,2	52,06	1248	166,4		2,5	137,4	5369	536,9		3,5	346,4	43484	2485
	1,5	63,62	1467	195,6		2,8	151,3	5743	574,3	37,5	2,0	223,1	35245	1880
	1,8	74,65	1656	220,8		3,0	160,2	5968	596,8		2,2	244,0	38145	2035
	2,0	81,68	1766	251,5		3,5	181,4	6452	645,2		2,5	274,9	42301	2256
	2,2	88,47	1896	248,8	22,5	1,8	117,1	6319	561,7		2,8	305,3	46237	2466
	2,5	98,18	1994	265,9		2,0	128,8	6831	607,2		3,0	325,2	48736	2599
	2,8	107,32	2102	280,2		2,2	140,3	7311	650,0		3,5	374,9	54588	2912
16	1,2	55,80	1538	192,2		2,5	157,1	7677	709,0	40	2,0	238,8	43210	2161
	1,5	68,33	1815	226,9		2,8	173,3	8576	762,3		2,2	261,3	46313	2341
	1,8	80,30	2056	257,1		3,0	183,8	8942	794,9		2,5	294,5	51995	2600
	2,0	87,97	2199	274,9		3,5	208,9	9747	866,4		2,8	327,2	56917	2846
	2,2	95,38	2329	291,9	25	1,8	131,2	8880	710,4		3,0	348,7	60058	3003
	2,5	106,03	2498	312,3		2,0	144,5	9628	770,2		3,5	401,4	67440	3372

Für **Holz** — ermittelt für lufttrockenes Nadelholz — hat nach Tetmajer die Eulersche Gleichung so lange Gültigkeit, als $l : i > 100$ ist.

Für ein Längenverhältnis $l : i < 100$ tritt an ihre Stelle entsprechend einer alsdann sich ausbildenden Knickspannung von $k_0 = 0{,}293 - 0{,}001\,94\,\dfrac{l}{i}$ die Beziehung:

$$P = \left(0{,}293 - 0{,}00194\,\frac{l}{i}\right)\frac{F}{s}\,,$$

worin s, die Sicherheit, zu $10\!-\!12$ zu nehmen ist und P in t erscheint[1]. Da Tetmajer bei seinen ausgedehnten Versuchen die Elastizitätszahl des zu ihnen verwendeten Nadelholzes zu 100 t/qcm = 100 000 kg/qcm fand, so ergibt sich bei 10facher Sicherheit und beiderseits gelenkiger Lagerung die Tragfähigkeit bei Grenzen $\dfrac{l}{i} > 100$ zu:

$$P = \frac{C\,E\,J_{\min}}{s\,l^2} = \frac{C \cdot E \cdot F\,i^2}{s\,l^2} = \frac{\pi^2\,100 \cdot F}{10}\left(\frac{i}{l}\right)^2 = 98{,}70\left(\frac{i}{l}\right)^2 F\,.$$

Hierin ist wiederum F in qcm einzuführen, während P sich in t ergibt.

Da bei einem quadratischen Holze:

$$i^2 = \frac{a^2}{12}\,, \qquad i = \frac{a}{3{,}46}$$

ist, so ist hier die Grenze der Anwendbarkeit der Eulergleichung durch die Beziehung gegeben:

$$\frac{l}{i} \gtreqless 100\,, \quad l > \frac{100\,a}{3{,}46} > 28{,}4\,a\,.$$

Da dies Verhältnis durchaus nicht immer gewahrt ist, kann die Eulergleichung bei Holz oft nicht angewendet werden.

c) Die Grenze zwischen Druck- und Knickfestigkeit.

Die Grenze zwischen der normalen Druck- und Knickfestigkeit findet man durch Gleichsetzung beider Festigkeiten und Ermittlung der sich hieraus ergebenden Knicklänge $= l_k$. Für den Bereich der Euler-

---

[1] Da nach Tetmajer das erste Glied dieser Gleichung 0,293 die mittlere Druckfestigkeit des Nadelholzes in t/qcm bedeutet, so stellt der zweite Summand die Herabminderung der Normalfestigkeit durch die Knickbelastung dar. Ist $\dfrac{l}{i} = 100$, so wird:

$$k_0 = 0{,}293 - 0{,}194 = 0{,}099 \text{ t/qcm}.$$

Nach der oben entwickelten Gleichung wird: $k_0 = 0{,}0987$.

gleichung gilt:

$$P = \sigma F = \frac{C \cdot E\, J_{\min}}{s\, l_k^2},$$

$$l_k = \sqrt{\frac{C\, E\, J_{\min}}{s\, \sigma F}} = \sqrt{\frac{C\, E\, J_{\min}}{s\, P}}.$$

Zieht man die Tetmajer-Gleichung heran, so folgt aus der Bedingung, daß der Stab gleichzeitig auf Druck und auf Knicken voll ausgenutzt sein soll, daß alsdann die zulässige Druckspannung (σ_z) gleich der **zulässigen Knickspannung** (k_z) sein muß:

$$P = \sigma_z F = k_z F = \frac{k_0 F}{s}.$$

$$k_z = \sigma_z = \frac{k_0}{s}.$$

Nimmt man, wie das die Regel bildet, für **Gußeisen** $s = 8$, $\sigma_z = 0{,}5$ t/qcm, so wird:

$$k_z = 0{,}5 = \frac{k_0}{8}, \qquad k_0 = 4{,}0 \,\text{t/qcm}.$$

Nach der Tetmajerschen Tabelle entspricht diesem k_0-Wert ein Verhältnis $\dfrac{l}{i} = 37{,}5$. Man erkennt zunächst, daß gußeiserne Säulen, welche der obigen Bedingung entsprechen, stets außerhalb der Gültigkeit der Eulergleichung stehen; sie sind an das Verhältnis gebunden:

$$\frac{l_k}{i} = 37{,}5, \qquad l_k = 37{,}5\, i.$$

Da beim Ringquerschnitt angenähert $i^2 = 0{,}125\, D_0^2$ ist, wenn D_0 den mittleren Ringdurchmesser darstellt, so wird hier:

$$l_k = 37{,}5 \cdot \sqrt{0{,}125 \cdot D_0^2} = \text{rd. } 13{,}3\, D_0.$$

Wird D_0 in cm eingeführt, ergibt sich auch l_k in cm.

Bei **Flußeisen** läßt sich die erlaubte Druckspannung im Hinblicke auf Knicken nicht vollkommen ausnutzen. Hier wird bei vierfacher Sicherheit:

$$P = \sigma_z F = k_z F = \frac{k_0 F}{4}, \quad k_0 = 4\,\sigma_z.$$

Für $\sigma_z = 1200$ kg/qcm würde $k_0 = 4800$ kg/qcm sein, d.h. es ergäbe sich ein Wert, bei dem die Druckfestigkeit des Materials bereits überschritten ist. Eine allgemeine Gleichung wie bei Gußeisen ist also nicht möglich. Hier wird es vielmehr erforderlich, die jeweilig unter der gegebenen Belastung auftretende Druckspannung (σ') zu ermitteln, alsdann aus der Beziehung: $k_0 = 4\,\sigma'$ den k_0-Wert, mit seiner Hilfe aus der Tetmajerschen Tabelle das zugehörige Verhältnis $\dfrac{l_k}{i} = n$ abzuleiten und aus dem bekannten Querschnittswerte i die zulässige Knicklänge $l_k = n \cdot i$ zu finden.

Da die Tetmajerschen Tabellen zugleich die k_0-Werte für den Bereich der Gültigkeit der Eulergleichung und deren Nichtanwendbarkeit enthalten, so gestattet die obige Art der Rechnung in jedem Fall die Ermittlung von l_k an Hand der Tabellen.

d) Die Knickung eines Stabes aus mehreren, nicht fest unter sich verbundenen Teilen.

Besteht ein Stab aus mehreren, nicht stetig miteinander verbundenen Teilen, so ist neben der Knicksicherheit des gesamten Querschnitts für die Gesamtlast P nachzuweisen, daß auch ein jeder Stabteil für die auf ihn entfallende Knickkraft knicksicher ist. Dies ist erforderlich, weil bei n Stabteilen mit einem Gesamtträgheitsmoment $= J_{\min}$ der einzelne Teil stets ein $J'_{\min}$ hat, welches erheblich kleiner ist als $\dfrac{J_{\min}}{n}$. Es hat dies seinen Grund darin, daß für den Gesamtquerschnitt und seine Einzelteile ganz verschiedene Trägheitsachsen in Frage zu ziehen sind, die für den Einzelteil in der Regel durch dessen Schwerpunkt gehen, für seinen Anteil am Gesamtquerschnitte sich aber nach dem Schwerpunkt dieses richten.

Bei der Lastverteilung auf die Einzelteile ist damit zu rechnen, daß wegen der ungenauen Anschlußmöglichkeit der Stäbe, des nicht stets homogenen Baustoffes, der nicht vermeidbaren Abweichung der Einzelteile und des Gesamtstabes von der mathematischen Achsenlinie eine ungleichmäßige Lastverteilung sich ausbildet, die erfahrungsgemäß bei einem Stabe aus zwei Teilen jede Hälfte bis zu rd. 70 v. H., bei vier Teilen jeden Teil bis zu rd. 35 v. H. von der Gesamtkraft bei der Knickberechnung zu belasten erfordert.

Unter einer derartigen Lastverteilung wird sich somit die Knickberechnung der Einzelteile auf die Ermittlung der zulässigen Knicklänge dieser, d. h. die Grenze erstrecken, bis zu der der einzelne Teil freigelegt werden kann, und von der an er mit den anderen Stabteilen durch Bindekonstruktionen u. dgl. wieder zu einem einheitlichen, geschlossenen Querschnitte verbunden werden muß.

Über die Ausführung der an und für sich einfachen Rechnung geben die nachfolgenden Zahlenbeispiele unter 5 und 6 Aufschluß.

e) Zahlenbeispiele.

1a. Eine gußeiserne Säule hat einen äußeren Durchmesser von 22,5 cm, einen inneren von 18,5 cm, d. h. eine Wandstärke von 2 cm. Nach der Tabelle auf S. 77 entspricht ihr ein $J = 6831$ cm^4 und eine Querschnittsfläche $F = 128,8$ qcm. Gesucht wird bei einer Länge von $l = 5,0$ m ihre Tragfähigkeit bei 8- bzw. 10facher Sicherheit.

Nach der Eulergleichung ist:

$$\text{bei } s = 8: \quad P_1 = 0{,}125 \,\frac{J}{l^2} = 0{,}125 \,\frac{6831}{25} = \mathbf{34{,}115\ t,}$$

$$\text{bei } s = 10: \quad P_1 = 0{,}1 \cdot \frac{J}{l^2} = 0{,}10 \,\frac{6831}{25} = \mathbf{27{,}324\ t,}$$

1b. Rechnet man dieselbe Säule nach den Tetmajerschen Tabellen nach, so ist zunächst:

$$i^2 = \frac{J}{F} = \frac{6831}{128,8} = 53, \qquad i = 7{,}28, \qquad \frac{l}{i} = \frac{500}{7,28} = 68{,}7 .$$

Diesem Wert, der zunächst erkennen läßt, daß die Eulergleichung nicht gilt, entspricht in der Tabelle auf S. 75 ein Wert $k_0 = 2{,}031$ (nach Interpolation!).

Demgemäß wird:

$$P_1 = \frac{k_0 F}{s} = \frac{2{,}031 \cdot 128{,}8}{8} = \mathbf{32{,}7\ t}$$

bzw.

$$= \frac{2{,}031 \cdot 128{,}8}{10} = \mathbf{26{,}66\ t.}$$

1c. Wird die zulässige Knicklänge dieser Säule bei Ausnutzung von $\sigma_z = 0{,}5$ t/qcm auf Druck verlangt, so wird $k_0 = 4$ t/qcm und $l_k = 37{,}5\, i = 37{,}5 \cdot 7{,}28 = $ rd. 273 cm $= \mathbf{2{,}73\ m.}$

Alsdann trägt die Säule bei 8facher Sicherheit:

$$P_1 = \frac{4{,}0 \cdot 128{,}8}{8} = 64{,}4\,\mathrm{t},$$

und die Druckbelastung wäre:

$$\sigma_z = \frac{64\,400}{128{,}8} = 500 \text{ kg/qcm} = 0{,}5\,\text{t/qcm}.$$

wie vorstehend auch vorausgesetzt.

Man erkennt, daß der Säulen-Länge von 5,00 m gegenüber $l = 2{,}75$ m ein sehr erheblicher Rückgang der Knicklast von 64,4 auf 32,7 t, d. h. um fast die Hälfte entspricht, und daß hier die Druckspannung von rd. 500 kg/qcm bei weitem nicht mehr ausgenutzt wird:

$$\sigma = \frac{32\,700}{128{,}8} = 254 \text{ kg/qcm}.$$

2. Eine Holzsäule von 4,00 m Länge hat 20 000 kg auf Druck zu tragen. Gesucht wird ihr Querschnitt unter Berücksichtigung des Knickens.

Unter der Annahme, daß die Eulergleichung gilt, wird:

$$J_{\min} = \frac{P \cdot l^2}{12} = \frac{20\,000 \cdot 16}{12} = 26\,666 \text{ cm}^4.$$

Gewählt wird ein quadratischer Querschnitt mit der Seite $a = 24$ cm.

$$J = \frac{a^4}{12} = 27\,648 \text{ cm}^4.$$

Für das Verhältnis von $\dfrac{l}{i}$ wird:

$$i^2 = \frac{a^2}{12}\,; \quad i = \frac{a}{3,46} = \frac{24}{3,46} = \text{rd. } 7\,; \quad \frac{l}{i} = \frac{400}{7} = \text{rd } 57,2.$$

Es gilt also (vgl. S. 78) die Eulergleichung nicht, und demgemäß berechnet sich die Traglast auf Knicken $= P$ nach der Beziehung:

$$P = (0,293 - 0,00194 \cdot 57,2)\,\frac{24^2}{10} = 10,66 \text{ t}$$

d. h. die genaue Rechnung läßt erkennen, daß der nach Euler gewählte Querschnitt auf Knicken für eine Last $P = 20$ t nicht ausreicht. Wählt man einen quadratischen Querschnitt von 35 cm Seite, so wird:

$$\frac{l}{i} = \text{rd. } 40 \text{ und } P = (0,293 - 0,00194 \cdot 40)\,\frac{35^2}{10} = 0,215 \cdot 122,5 = \mathbf{26{,}34\,t.}$$

3. Eine gußeiserne, ringförmige Säule hat eine Last von 40 000 kg zu tragen bei $l = 4,60$ m. Gesucht wird ihr Querschnitt. Da der Querschnitt zunächst noch nicht bekannt ist, wird er nach Euler bestimmt, um später das Ergebnis nach Tetmajer nachprüfen zu können. Bei 8facher Sicherheit wird:

$$J_{\min} = 8 \cdot P_1 l^2 = 8 \cdot 40 \cdot 4,6^2 = 8 \cdot 40 \cdot 21,16 = 6771,2 \text{ cm}^4.$$

Gewählt wird nach Tabelle S. 77 ein etwas größerer Querschnitt — als nach Euler notwendig — mit $J = 7311$, d. h. von 22,5 cm äußerem Durchmesser und 2,2 cm Wandstärke. $F = 140,3$ qcm.

Für diesen Querschnitt wird i:

$$i^2 = \frac{7311}{140,3} \approx 52,1\,, \qquad i = 7,22 \text{ cm,}$$

$$\frac{l}{i} = \frac{460}{7,22} = 63,6\,, \qquad k_0 = 2,28 \text{ (Tab. S. 75),}$$

$$P = \frac{k_0\,F}{8} = \frac{2,28 \cdot 140,3}{8} = 39,99 \approx 40 \text{ t.}$$

4. Ein beiderseitig gelenkartig angeschlossenes Winkeleisen $90 \cdot 90 \cdot 9$ mit einem $J_{min} = 49,2$ cm⁴, einem $F = 15,4$ qcm hat eine Druckkraft $P = 4000$ kg zu tragen. Wie groß darf seine Knicklänge gemacht werden?

Es ergibt sich nach Euler:

$$l_k = \sqrt{\frac{10 \cdot 2\,150\,000 \cdot 42,2}{4 \cdot 4000}} = \text{rd. } 260 \text{ cm.}$$

Geht man auf dem auf S. 80 gezeigten Wege vorwärts, so wird:

$$\sigma_z = \frac{4000}{15,4} = \text{rd. } 260 \text{ kg/qcm,}$$

$$k_0 = 4 \cdot 260 = 1040 = 1,04 \text{ t/qcm.}$$

Diesem k_0-Wert entspricht nach der Tabelle auf Seite 76 ein $\frac{l_k}{i}$-Wert von rd. 142.

$$l_k = 142 \cdot i = 142 \cdot \sqrt{\frac{49,2}{15,4}} = 142 \cdot 1,78 = 260 \text{ cm}$$

wie oben; die beiden Rechnungen stimmen hier überein, da das in Frage stehende Verhältnis $\frac{l}{i}$ innerhalb des Gültigkeitsbereiches der Eulergleichung liegt.

5. Ein Stab, gemäß Fig. 100, besteht aus zwei ungleichschenkligen Winkeleisen, die in lichtem Abstande von 3,6 cm liegen. Gesucht wird die Tragfähigkeit des Stabes bei 4,00 m Länge und alsdann die freie Länge, auf die jeder seiner Teile knicksicher ist.

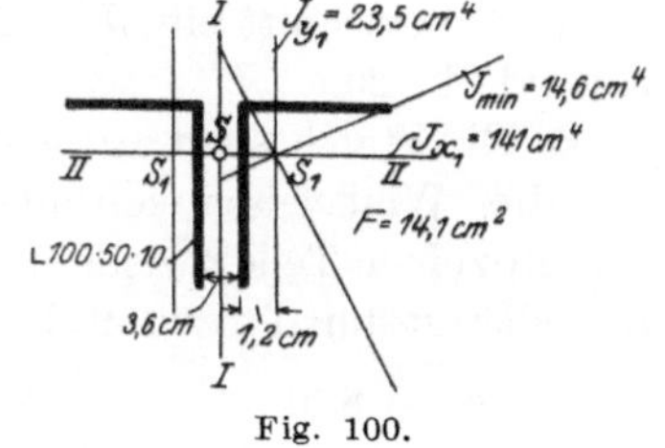

Fig. 100.

In bezug auf die Achse II ergibt sich das Trägheitsmoment zu $J_{II} = 2 \cdot 141 = 282$ cm⁴ und bezüglich der Achse I:

$$J_I = 2\,(23,5 + (1,2 + 1,8)^2 \cdot 14,1) = 2 \cdot 150,4 = 300,8 \text{ cm⁴.}$$

Demgemäß ist J_{II} die kleinere, für die Rechnung maßgebende Größe.

Nach Euler ist:

$$P_1 = 0,54 \frac{J}{l^2} = 0,54 \frac{282}{4,0^2} = 9,517 \text{ t.}$$

Demgemäß entfällt auf ein jedes Winkeleisen unter Annahme einer ungleichmäßigen bis 70 v. H. gesteigerten Belastung:

$$P_1 = 0,70 \cdot 9,517 = \text{rd. } 6,662 \text{ t (vgl. S. 80).}$$

Für das einzelne Winkeleisen ist:

$$J_{\min} = 14{,}6\,\text{cm}^4\,, \qquad i^2 = \sqrt{\frac{14{,}6}{14{,}1}} = \text{rd. } 1{,}0\,,$$

ferner:

$$\sigma_z = \frac{6662}{14{,}1} = 457\,\text{kg/qcm}\,; \quad k_0 = 4 \cdot 457 = 1828\,\text{kg/qcm} = 1{,}828\,\text{t/qcm}.$$

Hierdurch findet man nach der Tabelle (S. 76):

$$\frac{l_k}{i} = 108\,,$$

also $l_k = 108 \cdot 1 = 108$ cm, d. h. die beiden Winkeleisen sind zwischen ihren Endpunkten mindestens dreimal zu verbinden, um den geschlossenen Querschnitt hier zu sichern und ein Ausknicken der beiden Einzelteile auszuschließen.

Rechnet man, da hier Euler auch gilt, zur Kontrolle mit dieser Gleichung, so ergibt sich:

$$l_k = \sqrt{\frac{10 \cdot 2\,150\,000 \cdot 14{,}6}{4 \cdot 6662}} = 107\,\text{cm}.$$

Es sei hier besonders darauf hingewiesen, daß für das einzelne Winkeleisen ein $J_{\min}$ von nur 14,6 cm^4 in Frage kommt, während der Gesamtquerschnitt ein $J = 282$ hat. Hier besteht also ein Verhältnis von rd. 1 : 20.

6. Ein Stab besteht aus 4 Winkeleisen, gemäß Fig. 101 a b, $l = 6{,}71$ m. An die Winkeleisen schließen Bindebleche an, die eine Knicklänge der einzelnen Teile zwischen den Anschlußnieten von 88,0 cm ergeben. Es beträgt für 1 bzw. 2 bzw. 4 Winkeleisen

$$F_1 = 8{,}61\,, \qquad F_2 = 17{,}22\,, \qquad F_4 = 34{,}44\,\text{qcm}\,,$$
$$J_{\min_1} = 10{,}1\,, \qquad J_{\min_2} = 34{,}2\,, \qquad J_{\min_4} = 2147\,\text{cm}^4\,.$$

Hieraus folgt:

$$i_4 = \sqrt{\frac{2147}{34{,}44}} = 7{,}90\,\text{cm}, \qquad \frac{l}{i_4} = \frac{671}{7{,}9} = 84{,}9 < 105\,.$$

(Die Eulergleichung gilt also nicht.) Aus der Tabelle auf S. 76 folgt:

$k_0 = 2{,}131$ t/qcm; $P_{0_4} = k_0 \cdot F = 2{,}131 \cdot 34{,}44 = 73{,}43$ t für den gesamten Stabquerschnitt als Knickkraft. Ferner wird für das einzelne Winkeleisen:

$$i_1 = \sqrt{\frac{10{,}1}{8{,}61}} = 1{,}07\,, \qquad \frac{l_1}{i_1} = \frac{88}{1{,}07} = 81{,}5 < 105\,,$$

$$k_0 = 2{,}171\,\text{t/qcm}, \qquad P_{0_1} = 4 \cdot 8{,}61 \cdot 2{,}172 = 74{,}4\,\text{t},$$

d. h. die Tragfähigkeit auf Knicken ist bei Berücksichtigung der vier einzelnen Winkel und ihrer Freilage von 88,0 cm etwas größer als bei dem Gesamtquerschnitt und seiner Knicklänge von 6,71 m.

Für die Stabhälfte ist:

$$i_2 = \sqrt{\frac{34,2}{17,22}} = \text{rd. } 1,40, \qquad \frac{l_2}{i_2} = \frac{88}{1,4} = 62,4 < 105,$$

$$k_0 = 2,389 \text{ t/qcm}, \qquad P_{0_2} = 2 \cdot 17,22 \cdot 2,389 = 82,2 \text{ t}.$$

Also auch hier liegt keine vergrößerte Knickgefahr gegenüber der Gesamtstablast vor.

Rechnet man hier jedoch mit einer ungleichmäßigen Kraftverteilung, nimmt man also an, daß die Hälfte des Stabes bis zu 70 v. H. der Gesamtlast erhalten kann, so folgt aus der Knicklast von $\dfrac{82,2 \text{ t}}{2}$, die die Stabhälfte zu tragen vermag, daß man den Gesamtstab nur belasten darf beim Knicken mit:

$$\frac{70}{100} P_0 = 41,1, \qquad P_0 = \frac{100 \cdot 41,1}{70} = 58,7 \text{ t}.$$

In gleicher Weise ergibt sich bei Berücksichtigung jedes einzelnen Winkeleisens aus der Annahme, daß dieses 35 v. H. der Gesamtlast aufzunehmen hat:

$$\frac{35}{100} P_0 = \frac{74,4}{4} = 18,6,$$

$$P_0 = \frac{100 \cdot 18,6}{35} = 52,2 \text{ t}.$$

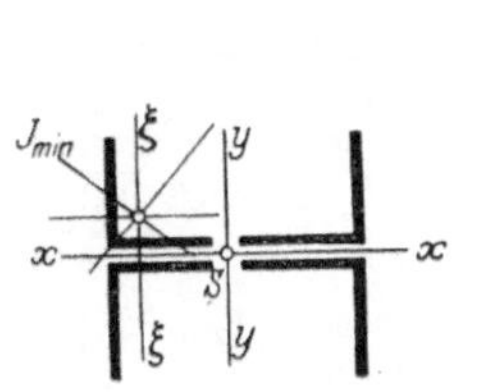
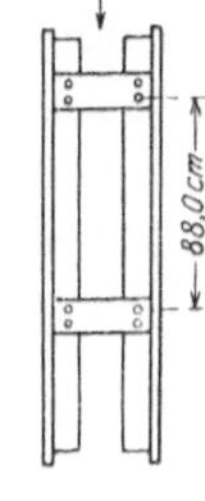

Fig. 101 a, b.

Demgemäß dürfte der Stab bei einfacher Sicherheit mit dem kleinsten sich ergebenden Werte von 52,2 t nur belastet werden, falls man eine erheblich ungleichmäßige Belastung zugrunde legt. Führt man eine vierfache Sicherheit ein, so wird $P = rd.\ 13{,}05\ t$.

Rechnet man zur Kontrolle rückwärts, geht man also davon aus, daß ein jedes Winkeleisen bei vierfacher Sicherheit $0,35\ P = 0,35 \cdot 13,05 = 4,58$ t im Höchstfalle und bei ungleichmäßiger Belastung zu tragen hat, so wird:

$$\sigma_z = \frac{4580}{8,61} = \text{rd. } 532 \text{ kg/qcm}, \qquad k_0 = 4 \cdot 0,532 = 2,128 \text{ t/qcm}.$$

$$\frac{l}{i} = \text{rd. } 84$$

und somit, da $i = 1,07$ cm ist:

$$l_k = 84 \cdot 1,07 = \text{rd. } \mathbf{90\ cm.}$$

4. Die axiale Biegungsfestigkeit und die axialen Biegungs-spannungen.

Der Querschnitt sei nur durch ein Biegungsmoment auf reine Biegung, also nicht zudem durch eine Axialkraft belastet. Eine reine Biegungsbeanspruchung liegt bei prismatischen Körpern, wie Trägern u. dgl., vor, die in einer Ebene, die den Querschnitt zentrisch schneidet, durch i. d. R. zur Stabachse senkrecht gerichtete Lasten verbogen werden. Legt man durch die **Kräfte** eine Ebene, so führt diese den Namen der **Kraftebene**. Da hier die Kraftebene durch den Schwerpunkt des Querschnitts gehen soll, so kann sie (bei den üblichen Belastungsfällen und normaler Trägeranordnung) den Querschnitt in Symmetrie-, also Hauptachsen schneiden, u. U. aber auch schräg zu letzteren liegen. Der erste Fall sei bei den nachfolgenden Betrachtungen zunächst zugrunde gelegt.

a) Die Kraftebene schneidet den Querschnitt in einer Hauptachse.

Wie bereits auf S. 58 hervorgehoben wurde, entspricht einer axialen Verbiegung des Balkens das Auftreten von Druck- bzw. Zugspannungen an den äußersten Randfasern des Querschnittes.

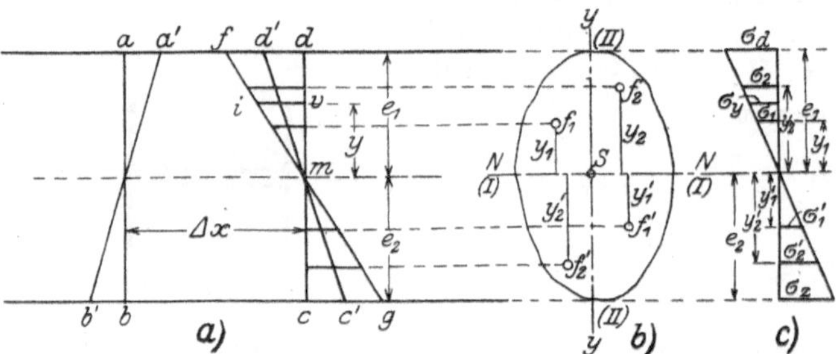

Fig. 102.

Sind in Fig. 102 die beiden nahe aneinanderliegenden Querschnitte *a b* und *c d* vor Eintritt der Biegung parallel, um nach ihr in die Stellung *a′ b′*, *c′ d′* zu gelangen, so ist die gesamte Formänderung auf die Länge *d x* in der obersten Faser auf Druck *a a′* und *d d′*, und ebenso auf Zug *b b′* und *c c′*. Stellt man die Formänderungen durch einfache Aneinanderreihung in einem Diagramm, d. h. in der Figur *d m c g f* zusammen, so ergeben sich hierbei — unter der Voraussetzung, daß die Querschnitte auch nach der Biegung eben verbleiben, zwei Formänderungsdreiecke, die einen gemeinsamen Spitzenpunkt in **m** haben. Bis zu diesem Punkte nehmen von oben aus gerechnet die Formänderungen und die von ihnen hervorgerufenen inneren Querschnittsspannungen ab, um alsdann von m aus nach unten innerhalb der Zugzone wieder zuzunehmen. m ist somit ein Punkt, in dem die Druck- in die Zugformänderungsfläche übergeht, in dem also weder eine Verdrückung noch eine Zugwirkung vorliegt, also keine Formänderung und keine innere Spannung auftritt. Aus dem Ebenbleiben der Querschnitte folgt weiter, daß der durch die Biegung gedrehte Querschnitt den ursprünglichen in einer Geraden schneidet, von der m ein Punkt ist, daß also Nullspannungen auf einer Geraden auftreten, die den Querschnitt schneidet — $N\,N$ in Fig. 102. Diese Gerade wird als **Nullinie** bezeichnet, die Faser, in der die Nullspannung auftritt, als **neutrale Faser** benannt.

Bezeichnet man den Abstand der am meisten beanspruchten, stärkst gedrückten bzw. gezogenen Randfasern von der Nullinie mit e_1 bzw. e_2, nimmt man ferner an, daß hier Biegungsspannungen $= \sigma_d$ bzw. σ_z auf Druck und Zug auftreten und bezeichnet man die gleichen Funktionen für eine beliebige Faser ($i\,v$ in Fig. 102a) mit y bzw. σ, so ergibt sich nach dem Hookschen Gesetze:

$$\frac{i\,v}{\varDelta x} = \frac{\sigma}{E}\,; \qquad \frac{d f}{\varDelta x} = \frac{\sigma_d}{E}\,.$$

Durch Division beider Gleichungen folgt, unter der weiteren Voraussetzung, daß es sich um ein **überall gleich elastisches Material** handelt, bei dem E in der Zug- und in der Druckzone denselben Wert hat:

$$\frac{i\,v}{d f} = \frac{\sigma}{\sigma_d}\,.$$

Da ferner:

$$\frac{i\,v}{d f} = \frac{y}{e_1}$$

ist, so ist zugleich:

$$\frac{\sigma}{\sigma_d} = \frac{y}{e_1}\,,$$

d. h. es verhalten sich die auftretenden Spannungen wie die Abstände ihrer zugehörenden Fasern von der Nullinie.

Demgemäß zeigt auch das Diagramm der auftretenden Spannungen (Fig. 102c) einen geradlinigen Verlauf, entsprechend dem Verlauf des Formänderungsdiagramms. Dem Nullpunkt im letzteren entspricht auch eine Nullspannung im Spannungsdiagramm.

Zugleich folgt aus der Beziehung:

$$\frac{\sigma}{\sigma_d} = \frac{y}{e_1}\,, \qquad\qquad \sigma = \sigma_d \frac{y}{e_1}\,,$$

d. h. ein konstanter Wert, solange alle in Frage gezogenen Querschnittsfasern den konstanten Abstand y von der Nullinie aus haben, d.h. in den einzelnen Faserschichten parallel zur Nullinie herrscht stets eine konstante Biegungsspannung.

Denkt man sich den Querschnitt in lauter kleine Flächenteilchen von der Größe $f_1\, f_2 \ldots$ in der Druck-, bzw. $f_1'\, f_2' \ldots$ in der Zugzone zerteilt, in denen Spannungen $\sigma_1\, \sigma_2 \ldots$ bzw. $\sigma_1'\, \sigma_2' \ldots$ auftreten, so bedingt der Zustand des Gleichgewichts, daß sich die gesamten inneren Druck- und inneren Zugkräfte gegenseitig ausgleichen, d. h. daß:

$$\sum f_1\, \sigma_1 + f_2\, \sigma_2 \ldots - \sum f_1'\, \sigma_1' + f_2'\, \sigma_2' \ldots = 0$$

oder allgemein:

$$\sum f\, \sigma = 0$$

ist. Da für jedes — beliebige — σ die Gleichung gilt: $\sigma : \sigma_d = y : e_1$ bzw. $y : e_2$, also allgemein $= y : e$, so geht die obige Beziehung in die Form über:

$$\sum f\, \sigma = \sum f\, \frac{\sigma_d\, y}{e} = 0,$$

$$\frac{\sigma_d}{e} \sum f \cdot y = 0.$$

Da σ_d und e bestimmte feste Größen sind, die im vorliegenden Falle nicht $= 0$ sein können, so muß $\sum f y = 0$ sein. Da $\sum f y$ das statische Moment der Fläche auf die Nullinie darstellt, so muß diese mit einer Schwerachse des Querschnitts zusammenfallen, da nur für eine solche die Beziehung: $\sum f y = 0$ zutrifft. Es geht mithin bei homogenem, gleich elastischem Material die neutrale Achse durch den Schwerpunkt. Ist der Querschnitt zur Schnittlinie mit der Kraftebene symmetrisch, und erstere also — wie vorausgesetzt — eine Hauptachse, so besagt ferner $\sum f y = 0$, daß alsdann die Nullinie mit der anderen Schwerachse, d. h. der zweiten Hauptachse zusammenfällt und somit senkrecht auf der Schnittlinie mit der Kraftebene steht.

Im Zustande des Gleichgewichts muß das Moment der äußeren Kräfte, das mit M bezeichnet sei und dessen Größe nach den Gesetzen der Trägerlehre ermittelt wird, dem Moment der inneren Kräfte gleich sein. Bezieht man letzteres auf die Nullinie, so ist zu beachten, daß auf einer Seite von ihr innere Druckkräfte, auf der anderen innere Zugkräfte angreifen, die also mit entgegengesetzten Richtungen einzuführen sind, aber um die Nullinie als Drehachse in demselben Sinne drehen.

Bezeichnet man — wie vorstehend — die einzelnen Flächenteilchen in der Druckzone (Fig. 102 b), also oberhalb der Nullinie, mit $f_1\, f_2 \ldots$, ihre Abstände von NN mit $y_1\, y_2\, \ldots$, ihre Spannungen mit $\sigma_1\, \sigma_2\, \ldots$ und führt man ebenso in der Zugzone die Bezeichnungen $f_1'\, f_2'\, \ldots$, $y_1'\, y_2'\, \ldots$, $\sigma_1'\, \sigma_2'\, \ldots$ ein, so ergibt sich aus den obigen Überlegungen:

$$M = f_1\, \sigma_1\, y_1 + f_2\, \sigma_2\, y_2 + \cdots + f_1'\, \sigma_1'\, y_1' + f_2'\, \sigma_2'\, y_2' + \cdots$$

Aus dem vorbewiesenen Gesetze, daß unter den hier gemachten Annahmen die Spannungen proportional ihren Abständen von der Nullinie sind, ergibt sich:

$$\sigma_1 = \frac{\sigma_d\, y_1}{e_1}, \qquad \sigma_2 = \frac{\sigma_d\, y_2}{e_1}\, \ldots,$$

$$\sigma_1' = \frac{\sigma_z\, y_1'}{e_2}, \qquad \sigma_2' = \frac{\sigma_z\, y_2'}{e_2}\, \ldots$$

Führt man diese Werte in die vorstehende Gleichung ein, so wird:

$$M = f_1\, y_1^2\, \frac{\sigma_d}{e_1} + f_2\, y_2^2\, \frac{\sigma_d}{e_1} + \cdots + f_1'\, y_1'^2\, \frac{\sigma_z}{e_2} + f_2'\, y_2'^2\, \frac{\sigma_z}{e_2} + \cdots$$

$$= \sigma_d\, \frac{\sum f\, y^2}{e_1} + \sigma_z\, \frac{\sum f'\, y'^2}{e_2} = \sigma_d\, \frac{J_0}{e_1} + \sigma_z\, \frac{J_0'}{e_2}.$$

Hierin bedeutet J_0 das Trägheitsmoment des gedrückten Querschnittsteils bezogen auf die Nullinie und ebenso J_0' das der Zugzone auf dieselbe Achse. Wird σ_d, wie es bei vielen der vorliegenden Konstruktionsmaterialien (Flußeisen, Stahl, usw.) der Fall ist, $= \sigma_z = \sigma$ gesetzt, so ergibt sich für elastisch gleichartige, homogene Querschnitte, also bei Zugrundelegung nur eines σ-Wertes:

$$M = \sigma \left(\frac{J_0}{e_1} + \frac{J_0'}{e_2} \right).$$

Bei verschiedenen Werten von σ_d und σ_z kann zur Ermittlung einer der Spannungen das Verhältnis zwischen beiden herangezogen werden. Liegt also z. B. ein gußeiserner, auf Biegung belasteter Tragkörper vor, bei dem die zulässige Druckspannung zu 500, die Zugspannung zu 250 kg/qcm zugelassen ist, so wird:

$$\sigma_d = 2\, \sigma_z, \qquad \sigma_z = \frac{\sigma_d}{2}$$

und somit in obiger Gleichung:

$$\text{(a)} \qquad M = \sigma_d\, \frac{J_0}{e_1} + \frac{\sigma_d}{2}\, \frac{J_0'}{e_2} = \sigma_d \left(\frac{J_0}{e_1} + \frac{J_0'}{2\, e_2} \right)$$

bzw.:

$$\text{(a')} \qquad M = 2\, \sigma_z\, \frac{J_0}{e_1} + \sigma_z\, \frac{J_0'}{e_2} = \sigma_z \left(\frac{2\, J_0}{e_1} + \frac{J_0'}{e_2} \right).$$

Aus der Bedingung:

$$\sigma_z = \tfrac{1}{2}\,\sigma_d$$

folgt weiter, da:

$$\frac{\sigma_d}{\sigma_z} = \frac{e_1}{e_2} = \frac{2}{1}.$$

ist, $e_1 = 2\,e_2$ [1]), d. h. die Schwerachse und damit der Schwerpunkt des betreffenden Querschnitts liegt bei einer, richtiger Materialausnützung entsprechenden, Querschnittsform um zwei Teile von der Druckkante, um einen Teil von der Zugkante entfernt, also in zwei Drittel der Querschnittshöhe.

Da

$$\frac{\sigma_d}{e_1} = \frac{\sigma_z}{e_2}$$

ist, so kann die allgemeine Gleichung (a) auch in der Form geschrieben werden:

$$M = \frac{\sigma_d}{e_1} \cdot J_0 + \frac{\sigma_z}{e_2} J_0' = \frac{\sigma_d}{e_1}(J_0 + J_0') = \frac{\sigma_z}{e_2}(J_0 + J_0') = \frac{\sigma_d}{e_1} J = \frac{\sigma_z}{e_2} J\,;$$

$$(b) \qquad \sigma_d = -\frac{M e_1}{J}\,,$$

$$(b') \qquad \sigma_z = +\frac{M e_2}{J}\,.$$

Hierbei ist J **das Gesamtträgheitsmoment des Querschnitts** auf seine Null- (Schwer-) Linie (I I in Fig. 102).

Daß diese Addition $J_0 + J_0' = J$ richtig, erkennt man daran, daß J_0 und J_0' je auf die Nullinie für sich bezogen sind, also der Form $\sum f\,y^2$ entsprechen, und derselben Beziehung auch durch J genügt wird, da sich dieses auf die Querschnittsflächen sowohl an der einen als auch an der anderen Seite der Nullinie erstreckt. Beispielsweise ergibt sich bei einem Rechtecksquerschnitt mit der Breite b und der Höhe h:

$$J_0 = \frac{b\left(\dfrac{h}{2}\right)^3}{3} = J_0' = \frac{b\,h^3}{8 \cdot 3} = \frac{b\,h^3}{24}\,;$$

---

[1]) Diese Beziehung folgt auch, da

$$\frac{\sigma_d}{e_1} = \frac{\sigma_z}{e_2}$$

ist, unmittelbar aus der oben entwickelten allgemeinen Gleichung:

$$M = \frac{\sigma_d}{e_1} \cdot J_0 + \frac{\sigma_z}{e_2} J_0' = \frac{\sigma_d}{e_1}(J_0 + J_0')\,,$$

$$M = \frac{\sigma_z}{e_2}(J_0 + J_0') = \frac{\sigma_d}{2\,e_2}(J_0 + J_0')\,,$$

$$e_1 = 2\,e_2\,.$$

somit ist:

$$J_1 + J_0' = 2 \frac{b\,h^3}{24} = \frac{b\,h^3}{12},$$

ein Wert, der für den zusammenhängenden Querschnitt, bezogen auf seine Schwerachse auch tatsächlich als richtig auf S. 40 nachgewiesen wurde.

Ist bei homogenem, gleichartig elastisch wirkendem Baustoff $\sigma_d = \sigma_z = \sigma$ und bei einem zur Schwerachse symmetrischen Querschnitte $e_1 = e_2 = e$, so wird:

$$(c) \qquad \sigma = \pm \frac{M}{J}\,e.$$

Die Größe $\dfrac{J}{e}$, d. h. das Trägheitsmoment, bezogen auf seine zur Schnittlinie mit der Kraftebene zugeordnete Haupt- (Schwer-) Achse, geteilt durch den äußersten Faserabstand, pflegt man das **Widerstandsmoment** des Querschnitts zu nennen und mit W zu bezeichnen. Diesem W wird noch ein Index anzufügen sein, um zu bezeichnen, auf welche Achse W — ebenso wie das zugehörende J — sich bezieht, bzw. — bei verschiedenen e-Werten — welcher von ihnen in Frage kommt. Für die Achse II in Fig. 102 ist W_1 für $\dfrac{J_1}{e_1}$ einzuführen.

Für den einfachen rechteckigen Querschnitt ergibt sich z. B.:

$$W_1 = \frac{b\,h^3}{12\dfrac{h}{2}} = \frac{b\,h^2}{6}, \qquad W_2 = \frac{h\,b^3}{12\dfrac{b}{2}} = \frac{h\,b^2}{6},$$

für den **Kreisquerschnitt** wird W — gleich groß für jede Durchmesserlage:

$$W = \frac{r^4\,\pi}{4\,r} = \frac{r^3\,\pi}{4} = \frac{d^3\,\pi}{32},$$

und ebenso für den Ringquerschnitt mit den Durchmessern D und d:

$$W = \frac{D^4 - d^4}{32\,D}\,\pi.$$

Sind die beiden Werte e_1 und e_2 verschieden (also bei homogenen Baustoffen zugleich auch J_0 und J_0'), so ist zu rechnen mit:

$$M = \sigma_d\,W' + \sigma_z\,W'',$$

worin

$$W' = \frac{J_0}{e_1}, \qquad W'' = \frac{J_0'}{e_2}$$

ist.

Für ein Trägheitsmoment des Gesamtquerschnitts $= J$ gehen diese Beziehungen in die Form über:

$$(d) \qquad \sigma_d = -\frac{M\,e_1}{J} = -\frac{M}{W_1'},$$

$$(d') \qquad \sigma_z = +\frac{M\,e_2}{J} = +\frac{M}{W_2'}.$$

wobei, wie ausdrücklich hervorgehoben sei, sich beide W-Werte (W_1' und W_2') auf dieselbe Biegeachse beziehen. Wird die auftretende größte Spannung gesucht, so ist selbstverständlich der kleinere der W-Werte der Rechnung zu Grunde zu legen.

Über die Anwendung dieser Gleichungen ist das Zahlenbeispiel unter 5. auf S. 96 u. 97 zu vergleichen.

Für homogenes Material und zur Biegeachse symmetrischen Querschnitt wird:

$$(e) \qquad \sigma = \pm\frac{M}{W}, \qquad M = \sigma\,W,$$

das Hauptgesetz der axialen Beziehungsspannung, gültig für die Randspannung in der Zug- (+) bzw. Druckzone (−).

Wird bei gegebenem Moment der äußeren Kräfte und bekannter, zulässiger Spannung (σ) der Querschnitt gesucht, so folgt seine Größe aus:

$$W = \frac{M}{\sigma}\,.$$

Bei richtiger wirtschaftlicher Materialausnutzung werden die zulässige Spannung und die Randspannung gleichbedeutend sein.

Will man die Spannung σ_y in einer beliebigen Querschnittsfaser im Abstande von y von der Nullinie berechnen, so ist das Verhältnis $\dfrac{\sigma}{e}$ in Gleichung (c) nur zu ersetzen durch: $\dfrac{\sigma_y}{y}$, da:

$$\sigma_y : y = \sigma : e\,.$$

Alsdann wird unter Einführung der alsdann in Frage kommenden $J = J_1$:

$$(f) \qquad M = \sigma_y\,\frac{J_1}{y}\,; \quad \sigma_y = \pm\frac{M\cdot y}{J_1}$$

gültig für jede beliebige Querschnittsfaser. Hierbei soll das ±-Zeichen unterscheiden, ob die Faser in der Zug- oder Druckzone liegt.

b) Die Kraftebene geht durch den Querschnittsschwerpunkt, schneidet den Querschnitt aber nicht in einer Hauptachse.

Ist der Querschnitt beiderseits symmetrisch, sind also die Schwerachsen auch die Hauptachsen, so wird man bei einer zu den Achsen schiefen

Schnittlinie von Kraftebene und Querschnitt am einfachsten die bei
einer axialen Biegung auftretenden größten Spannungen dadurch finden,
daß man das Moment M_r (Fig. 103) in zwei Seitenmomente nach Richtung
der Schwerachsen zerlegt: $M_1 = M_r \sin \alpha$,
$M_2 = M_r \cos \alpha$ und die je von diesen Seiten-
momenten bestimmten Spannungen nach
der Grundgleichung:

$$\sigma = \frac{M}{W} = \frac{M \cdot e}{J}$$

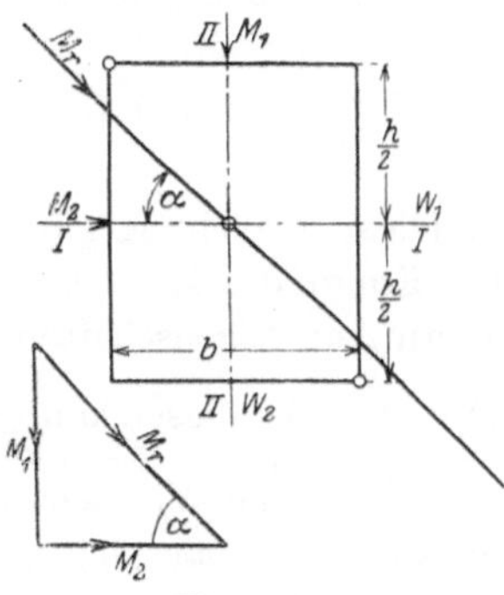

Fig. 103.

ermittelt. Hierbei ist naturgemäß bald die
eine, bald die andere Schwerachse für J und e
maßgebend, wobei bei symmetrischem Querschnitte darauf zu achten ist, daß die zur
Schnittlinie von Querschnitt und Kraftebene
zugehörende Nullinie auf diesem
Schnitte senkrecht steht. Demgemäß gehören zur Momenten-
einwirkung M_1 in Fig. 103 die Achse II, J_1, W_1 und $e = \dfrac{h}{2}$, während
für M_2 die Achse $II\,II$, J_2, W_2 und $e = \dfrac{b}{2}$ in Frage kommen [1]).

Demgemäß wird, wenn man die Spannung infolge des Momentes M_1
mit σ_1, die durch M_2 mit σ_2 bezeichnet, zunächst ohne Bestimmung des
Vorzeichens für einen beliebigen Querschnittspunkt mit den Abstän-
den y und x:

$$\sigma_1 = \frac{M_1}{J_1} y \,, \qquad \sigma_2 = \frac{M_2}{J_2} x \,,$$

bzw. für die von der Achse $I\,I$ bzw. $II\,II$ am meisten entfernten Rand-
(Eck-) Punkte:

$$y = e = \frac{h}{2}, \qquad x = e = \frac{b}{2}.$$

$$\sigma_{1\,\max} = \frac{M_1 e}{J_1} = \frac{M_1 \dfrac{h}{2}}{J_1} = \frac{\dfrac{M_1}{J_1}}{\dfrac{h}{2}} = \frac{M_1}{W_1},$$

$$\sigma_{2\,\max} = \frac{M_2 e}{J_2} = \frac{M_2 \dfrac{b}{2}}{J_2} = \frac{\dfrac{M_2}{J_2}}{\dfrac{b}{2}} = \frac{M_2}{W_2}.$$

---

[1]) Da hier für beide Achsen je $e_1 = e_2$ ist, ist der Wert allgemein mit e
bezeichnet.

Hat, wie bereits bei dem vorliegenden, beiderseits symmetrischen Querschnitt vorausgesetzt, dieser Randpunkte, welche zu gleicher Zeit am weitesten von beiden Hauptachsen entfernt sind, so ist die Größtspannung, die hier auftritt:

$$\sigma = \sigma_{\mathrm{max}} = \frac{M_1}{W_1} + \frac{M_2}{W_2} = \frac{1}{W_1}\left(M_1 + M_2\,\frac{W_1}{W_2}\right).$$

Diese Gleichung gilt im besonderen für alle Querschnitte, die auf der Form des Rechtecks sich aufbauen und Eckpunkte mit den vorgenannten Eigenschaften haben, also für die Rechtecke, I- und L-Querschnitte. Bei diesen kann auch für das Verhältnis von $\dfrac{W_1}{W_2}$ — zum mindesten für eine Versuchsrechnung zur Querschnittsermittlung — eine konstante Größe eingeführt werden[1]) $= c$, so daß sich ergibt:

$$\sigma = \frac{1}{W_1}\,(M_1 + c\,M_2)\,,$$

$$W_1 = \frac{M_1 + c\,M_2}{\sigma}\,.$$

Diese Beziehung hat im besonderen Bedeutung zur angenäherten Bestimmung des erforderlichen Querschnitts.

Die Auffindung des gefährlichen, meist gedrückten bzw. meist gezogenen Randpunktes ist ohne Schwierigkeit, wenn man sich die biegende Wirkung der Momente M_1 und M_2 je vergegenwärtigt. Diese gefährlichsten Punkte liegen immer nahe der Schnittlinie der Kraftebene des Momentes M_r mit dem Querschnitte (vgl. Fig. 103).

Hat der Querschnitt keine Symmetrieachsen, so wird man nach der auf S. 35—36 gezeigten Berechnungsart zunächst die Hauptachsen bestimmen, nach ihnen das Moment M_r zerlegen und alsdann nach der

---

[1]) Eine solche Rechnung ist bei Hochbaukonstruktion in erster Linie für die durch Wind bzw. senkrechte Belastung (je nach deren Lage zu den Achsen) schiefwinklig belasteten Pfettenquerschnitte aufzustellen. Hierbei kann für das Rechteck für c eingeführt werden:

$$c = \frac{b\,h^2\,6}{6\,h\,b^2} = \frac{h}{b}\,,$$

also eine Verhältniszahl, in der die Hauptabmessungen stehen, während für die hier in Frage kommenden mittleren Profile der L-Eisen $c = 6$, für die I-Eisen $c = 8$ einzuführen ist. Naturgemäß ist alsdann das gewählte Profil unter Einführung der — in der Tabelle der Normalprofile enthaltenen — wirklichen Werte $c = \dfrac{W_1}{W_2}$ nachzuprüfen.

allgemeinen Gleichung $\sigma = \dfrac{M\,y}{J_1}$ bzw. $= \dfrac{M\,x}{J_2}$ die auftretenden Spannungen bestimmen und addieren. Über den an und für sich einfachen, hier einzuschlagenden Rechnungsweg gibt das Beispiel auf S. 98—100 Auskunft. Hier sind die Spannungen ermittelt, welche in einem aus Stehblech und zwei ⌐-Eisen in Form eines Z zusammengesetzten Querschnitte durch schiefe Biegungsbelastung auftreten.

c) Zahlenbeispiele.

1. Ein senkrecht belasteter Holzbalken hat ein Biegungsmoment $= 140\,000$ kg · cm aufzunehmen; als zulässige Spannung kommt die Druckspannung σ_d in Frage. Der notwendige Balkenquerschnitt wird gesucht:

Er ist:

$$W_1 = \frac{M}{\sigma_d} = \frac{140\,000}{60} = 2333 \text{ cm}^3 = \frac{b\,h^2}{6}\,.$$

Wählt man für b 22 cm, so wird:

$$h = \sqrt{\frac{6 \cdot W}{b}} = \sqrt{\frac{6 \cdot 2333}{22}} = 26 \text{ cm}\,.$$

Demgemäß ist ein Balken von 26/22 cm zu verwenden.

2. Ein flußeiserner Unterzug hat infolge senkrechter Belastung ein $M = 600\,000$ kg · cm auszuhalten. Sein Querschnitt (I-Eisen) wird bei $\sigma = 1200$ kg/qcm gesucht.

$$W_1 = \frac{600\,000}{1200} = 500\,.$$

Es reicht aus ein I-Normalprofil von 28 cm Höhe mit einem $W_1 = 541$ cm³.

Das nächstkleinere Profil, 27 cm hoch, mit einem $W_1 = 491$ würde knapp genügen:

$$\sigma = \frac{M}{W_1} = \frac{600\,000}{541} = 1225 \text{ kg/qcm, d. h.} > 1200 > \sigma_{\text{zul}}.$$

3. Eine hölzerne Pfette 30/24 wird senkrecht zu einer Dachfläche verlegt, die unter einem Winkel von 30° zur Wagerechten geneigt ist und durch ein Moment $M = 140\,000$ kg · cm in senkrechter Ebene belastet wird. Die Eckspannungen sind zu ermitteln.

Nach Fig. 104 ergibt sich:

$$M_2 = M_r \sin\alpha = 140\,000 \cdot 0{,}5 = 70\,000 \text{ kg · cm,}$$
$$M_1 = M_r \cos\alpha = 140\,000 \cdot 0{,}866 = 121\,240 \text{ kg · cm.}$$

Ferner ist:

$$W_1 = \frac{b\,h^2}{6} = \frac{24 \cdot 30^2}{6} = 3600 \text{ cm}^3,$$

$$W_2 = \frac{30 \cdot 24^2}{6} = 2880 \text{ cm}^3$$

und somit:

$$\sigma = \sigma_{1\,\text{max}} + \sigma_{2\,\text{max}} = \frac{M_1}{W_1} + \frac{M_2}{W_2} = \frac{121\,240}{3600} + \frac{70\,000}{2880} = 33{,}7 + 24{,}3$$

$$= \pm 58{,}0 \text{ kg/qcm}.$$

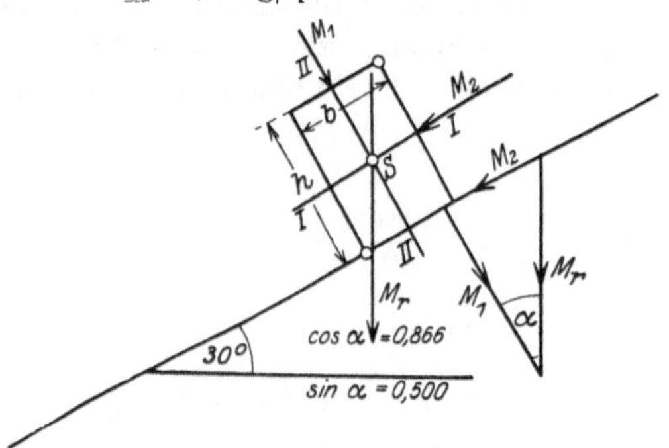

Fig. 104.

4. Ein I-Eisen stehe mit seinem Steg unter 45° geneigt und werde senkrecht belastet. $M_r = 640\,000$ kg · cm. Versuchsweise sei ein Differdinger breitflanschiges I-Eisen angenommen mit $W_1 = 2360$ und $W_2 = 586$ cm^3.

Im vorliegenden Falle ist: $\sin\alpha = \cos\alpha = 0{,}707$ und demgemäß: $M_1 = M_2 = 640\,000 \cdot 0{,}707 = 452\,480$ kg · cm.

$$\sigma = \sigma_{1\,\text{max}} + \sigma_{2\,\text{max}} = \frac{452\,480}{2360} + \frac{452\,480}{586} = 192 + 772 = \pm\,964 \text{ kg/qcm}.$$

5. Ein Rundeisenbolzen hat in seiner Mitte ein $M = 810\,000$ kg · cm auszuhalten. Gesucht wird der Durchmesser bei $\sigma = 1000$ kg/qcm.

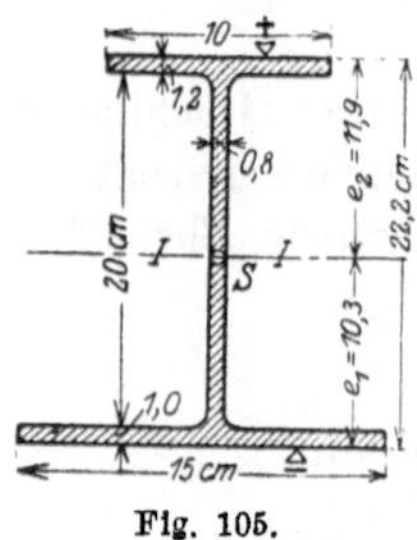

Fig. 105.

$$W = \frac{81\,000}{1000} = 81 \text{ cm}^3 = \frac{d^3\,\pi}{32},$$

$$d = \sqrt[3]{\frac{81 \cdot 32}{3{,}14}} = \text{rd. } 9{,}4 \text{ cm}.$$

6. Der in Fig. 105 dargestellte, zur wagerechten Schwerachse nicht symmetrische Querschnitt aus Schweißeisen habe ein

$$M_{\text{max}} = 4045 \text{ kg} \cdot \text{m} = 404\,500 \text{ kg} \cdot \text{cm}$$

zu tragen. Die hierbei auftretenden Randspannungen (oben Zug, unten Druck) sind zu bestimmen.

Zunächst wird der Schwerpunktsabstand e_1 bzw. e_2 berechnet:

$$e_1 = \frac{F_1 y_1 + F_2 y_2 + F_3 y_3}{F_1 + F_2 + F_3}$$

$$= \frac{15 \cdot 1 \cdot 0{,}5 + 20 \cdot 0{,}8 \,(10 + 1) + 10 \cdot 1{,}2 \cdot (20 + 1 + \tfrac{1{,}2}{2})}{15 \cdot 1 + 20 \cdot 0{,}8 + 10 \cdot 1{,}2}$$

$$= \frac{442{,}7}{43} = 10{,}3 \text{ cm.}$$

$$e_2 = 1 + 20 + 1{,}2 - 10{,}3 = 11{,}9 \text{ cm.}$$

Ferner wird (bezogen auf die Nullinie oder wagerechte Schwerachse):

$$J_1 = \tfrac{1}{3}\{(15 \cdot 10{,}3^3) - (15 - 0{,}8)\,(10{,}3 - 1)^3 + 10 \cdot 11{,}9^3$$

$$- (10 - 0{,}8)\,(11{,}9 - 1{.}2)^3\}$$

$$= \tfrac{1}{3}(16\,391 - 11\,421{,}8 + 16\,851{,}6 - 11\,270{,}4) = \tfrac{1}{3}(4969{,}2 + 5581{,}2)$$

$$= \tfrac{1}{3}\,10\,550{,}4 = 3516{,}8 \text{ cm}^4.$$

(Hierbei ist erst der untere Teil, die beiden ersten Summanden, alsdann der obere Teil, die beiden letzten Glieder, in Rechnung gestellt.)

Demgemäß wird:

$$W_1' = \frac{J_1}{e_1} = \frac{3516{,}8}{10{,}3} = 341{,}4 \text{ cm}^3,$$

$$W_2' = \frac{J_1}{e_2} = \frac{3516{,}8}{11{,}9} = 295{,}5 \text{ cm}^3.$$

Unter Einführung des kleineren W-Wertes, also W_2', wird:

$$\sigma_2 = \frac{M}{W_2'} = \frac{404\,500}{295{,}5} = \text{ der Spannung am oberen Rande}$$

$$= \text{ rd. } - 1350 \text{ kg/qcm,}$$

während σ_1 die Spannung am unteren Rande des Querschnitts wird:

$$\sigma_1 = \frac{404\,500}{341{,}4} = \text{ rd. } + 1180 \text{ kg/qcm.}$$

Zur Kontrolle der Rechnung kann die Gleichung benutzt werden:

$$M = \sigma_d \frac{J_0}{e_1} + \sigma_z \frac{J_0'}{e_2}.$$

Hier ist nach der obigen Rechnung:

$$J_0 = \frac{4969{,}2}{3}; \qquad J_0' = \frac{5581{,}2}{3}$$

und somit:

$$M = \sigma_d \frac{J_0}{e_1} + \sigma_z \frac{J_0'}{e_2} = 1180 \cdot \frac{4969}{3 \cdot 10,3} + 1350 \frac{5581}{3 \cdot 11,9}$$

$$= \text{rd. } 404\,000 \,;$$

es ergibt sich also gegenüber $M = 404\,500\ \text{kg} \cdot \text{cm}$ eine genügende Übereinstimmung.

7. Eine unter 50° zur Wagerechten geneigte Dachpfette bestehe aus einem Stehbleche von $16 \cdot 1$ qcm und zwei ungleichschenkligen Winkeleisen $10 \cdot 6,5 \cdot 0,9$. Die Pfette wird durch eine senkrechte Last (Eigengewicht und Schnee) von 152 kg/lfd. m belastet und vom Winde in der Richtung des Pfettensteges mit einer Last von 121 kg/lfd. m beansprucht. Gesucht werden die Spannungen an den Randpunkten c und d (Fig. 106 d).

Für die durch den Schwerpunkt S gelegten senkrechten Achsen x und y ergibt sich (Fig. 106a u. b):

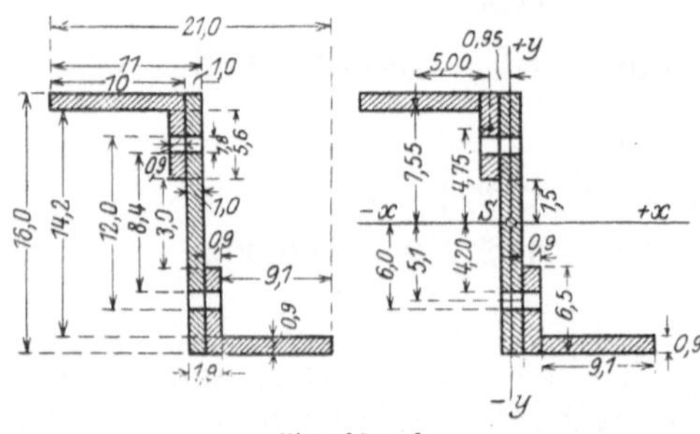

Fig. 106 a, b.

$$J_x = \tfrac{1}{12}\left\{11 \cdot 16,0^3 - 9,1 \cdot 14,2^3 - 0,9 \cdot 3,0^3 - 1,9(12,0^3 - 8,4^3)\right\}$$

$$= 1403\ \text{cm}^4\,,$$

$$J_y = \tfrac{1}{12}\left\{0,9 \cdot 21^3 + (5,6 - 1,8)\,2,8^3 + 9,5 \cdot 1,0^3\right\} = 702\ \text{cm}^4\,.$$

$$J_{xy} = 0 - 2\left\{9,1 \cdot 0,9 \cdot 7,55 \cdot 5,95 + 6,5 \cdot 0,9 \cdot 4,75 \cdot 0,95 - 1,8 \cdot 0,9 \cdot 5,1 \cdot 0,95\right\}$$

$$= \text{rd. } -770\ \text{cm}^4$$

(vgl. Fig. 106 b). Hierbei ist berücksichtigt, daß J_{xy} für das Stehblech des Querschnitts $1,0 \cdot 16,0 = 0$ ist, da für diesen Querschnittsteil die xy-Achsen Hauptachsen sind.

Die Hauptachsen des Gesamtquerschnitts bestimmen sich aus:

$$\operatorname{tg} 2\alpha = -\frac{2 J_{xy}}{J_y - J_x} = -\frac{2 \cdot 770}{702 - 1403}\,, \quad \operatorname{tg} 2\alpha = 2,19\,686\,,$$

$$2\alpha = 65° 32'\,; \qquad\qquad\qquad \alpha = 32° 46'\,.$$

Demgemäß werden die Hauptträgheitsmomente:

$$J_1 = J_x \cos^2\alpha + J_y \sin^2\alpha - J_{xy} \sin 2\alpha = 1403 \cdot 0,814^2 + 702 \cdot 0,540^2$$

$$+ 770 \cdot 0,91 = \text{rd. } 1899\ \text{cm}^4 = J_{\max}\,.$$

$$J_2 = J_x + J_y - J_1 = 1403 + 702 - 1899 = 206\ \text{cm}^4 = J_{\min}\,.$$

Nunmehr sind die Belastungen auf die Achse $I\,I$ bzw. $II\,II$ umzurechnen. Im Hinblick auf Fig. 106 c ergibt sich, wenn man die Belastung senkrecht $I\,I$ mit v, die senkrecht $II\,II$ mit w benennt, und zwar auf 1 cm Länge:

$$v = 1{,}52 \cos 7°\,14' + 1{,}21 \cos 32°\,46' = 2{,}53 \text{ kg/lfd. cm},$$
$$w = 1{,}21 \sin 32°\,46' - 1{,}52 \cos 7°\,14' = 0{,}463 \text{ kg/lfd. cm}.$$

Aus ihnen läßt sich das Moment, bezogen senkrecht auf die Achsen I und II (vgl. die Trägerlehre), berechnen, wenn die Pfetten mit einer Stützweite $l = 5{,}30$ m $= 530$ cm als Träger auf zwei Stützen angesehen werden:

$$M_I = \frac{v\,l^2}{8} = \frac{2{,}53 \cdot 530^2}{8} = 88\,839 \text{ kg} \cdot \text{cm},$$

$$M_{II} = \frac{w\,l^2}{8} = \frac{0{,}463 \cdot 530^2}{8} = 16\,257 \text{ kg} \cdot \text{cm}.$$

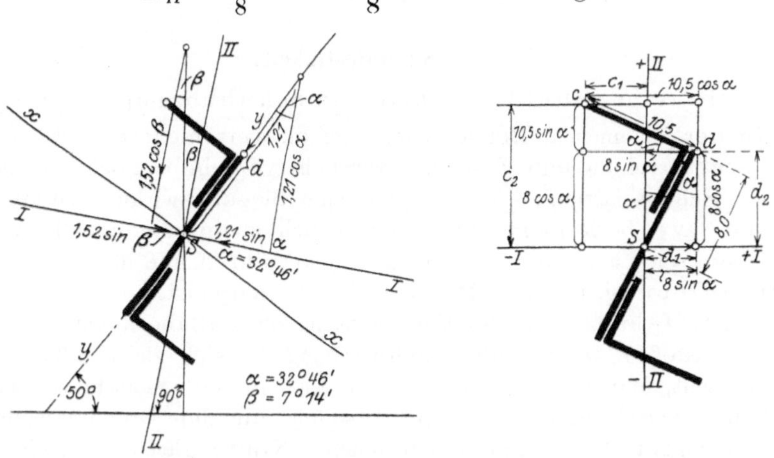

Fig. 106 c, d.

Will man endlich die Spannungen ermitteln, welche in den äußersten Querschnittspunkten auftreten, dann sind bei genügend großem Zeichnungsmaßstab entweder die Koordinaten dieser Punkte, bezogen auf das Achsensystem $I\,I$, $II\,II$, abzugreifen oder rechnerisch zu bestimmen. Es ergibt sich für den Punkt d (vgl. Fig. 106 d):

$$d_1 = 8 \sin\alpha = 8 \cdot \sin 32°\,46' = 8 \cdot 0{,}540 = 4{,}320 \text{ cm},$$

$$d_2 = 8 \cos\alpha = 8 \cdot 0{,}841 = 6{,}728 \text{ cm}$$

und demgemäß die Spannung an dieser Stelle:

$$\sigma_d = \frac{M_I \cdot d_2}{J_I} + \frac{M_{II} \cdot d_1}{J_{II}} = \frac{88\,839 \cdot 6{,}728}{1899} + \frac{16\,257 \cdot 4{,}320}{206} = \text{rd. } \mathbf{650 \text{ kg/qcm}}.$$

In entsprechender Weise werden (Fig. 106d) für den Punkt c die Koordinaten:

$$c_1 = -(10,5 \cos 32°\,46' - 8 \sin 32°\,46') = -(10,5 \cdot 0,841 - 8 \cdot 0,540)$$
$$= -4,51 \text{ cm},$$

$$c_2 = 8 \cdot \cos 32°\,46' + 10,5 \cdot \sin 32°\,46' = 8 \cdot 0,841 + 10,5 \cdot 0,540$$
$$= 12,4 \text{ cm}.$$

Demgemäß wird:

$$\sigma_c = \frac{M_I \cdot c_2}{J_1} - \frac{M_{II} \cdot c_1}{J_2} = \frac{88\,839 \cdot 12,4}{1899} - \frac{16257 \cdot 4,51}{206} = \mathbf{228\ kg/qcm}.$$

Dieses Beispiel läßt erkennen, wie die Biegungsspannungen in einem Querschnitte zu berechnen sind, wenn der Schnitt der Kraftebene bzw. zweier Kraftebenen den Querschnitt nicht in Hauptachsen schneidet und letztere schiefwinklig zum Querschnitte liegen.

5. Die Schubfestigkeit.

a) Die reine Schubfestigkeit und Schubbeanspruchung.

In der allgemeinen Betrachtung über die verschiedenen Arten der Stabbeanspruchung und Festigkeit wurde hervorgehoben, daß bei einer reinen Schubbelastung, die also ohne eine Biegungswirkung zustande kommt, zwei benachbarte Querschnitte sich zueinander parallel verschieben, sonst aber keine Formänderung ausführen und daß hier diese Verschiebung in der Richtung der angreifenden Kraft erfolgt. Geht man von der Voraussetzung aus, daß die im Querschnitt von der Größe F auftretende Schubspannung $= \tau$ sich gleichmäßig über ihn verteilt, und bezeichnet man die äußere, in der Querschnittsebene wirkende, verschiebende Kraft mit Q, so folgt aus dem Grundsatze, daß bei Gleichgewicht die Summe der inneren Kräfte gleich der äußeren Kraft sein muß, die einfache Beziehung:

$$\tau F = Q$$

und somit:

$$\tau = \frac{Q}{F} \quad \text{bzw.} \quad F = \frac{Q}{\tau} ;$$

im letzteren Falle wird τ die zulässige Schubspannung des jeweilig vorliegenden Materials sein. Für Gußeisen kann diese Größe ($\tau_{zul.}$) zu 200, für Schweißeisen zu rd. 600—800, für Flußeisen zu 1000, für Nadelholz, parallel zur Faser, zu 10, für Eiche und Buche in derselben Richtung zu rd. 20 kg/qcm genommen werden. Bei Mauerwerk ist für dessen Schubbelastung in der Regel die Schubbeanspruchung der Mörtelfuge maßgebend, für die je nach der Härte der Baustoffe die zulässigen Werte zwischen 2—12 kg/qcm schwanken; für Beton, wie er im Verbundbau üblich, ist $\tau = 4,0$ kg/qcm zugelassen und eine Querschnittsabänderung gefordert, wenn τ die Grenze von 14 kg/qcm überschreitet.

b) Die Schubbeanspruchung bei Biegungsbelastung.

Bereits auf S. 59 wurde hervorgehoben und an einem Beispiel zur Anschauung gebracht, daß bei der Verbiegung eines Stabes nicht nur parallel zu den verbiegenden Kräften, sondern auch senkrecht zu ihnen Schubspannungen auftreten, welche ein gegenseitiges Verschieben der kleinsten Querschnittsteilchen erstreben. Bei einem wagerecht liegenden Balken und senkrechter Belastung werden somit sowohl in seinen Querschnitten als auch parallel zu seiner Achse Schubspannungen auftreten. Mit den letzteren sollen sich zunächst die Erörterungen befassen. Hierbei wird vorausgesetzt, daß die Kraftebene den Querschnitt in einer Hauptachse schneidet.

Betrachtet werden zwei nahe aneinander liegende senkrechte, also in die Richtung der Lasten fallende Querschnitte (Fig. 107).

Da, wie später in den Ausführungen der Trägerlehre dargelegt wird, in beiden Querschnitten in der Regel verschieden große äußere Biegungsmomente einwirken und ihnen auch verschieden große Spannungen in den beiden Querschnitten entsprechen, so wird hier eine Spannungsverteilung sich einstellen, wie sie Fig. 107 darstellt. Unter der Voraussetzung, daß die auftretende wagerechte Schubspannung

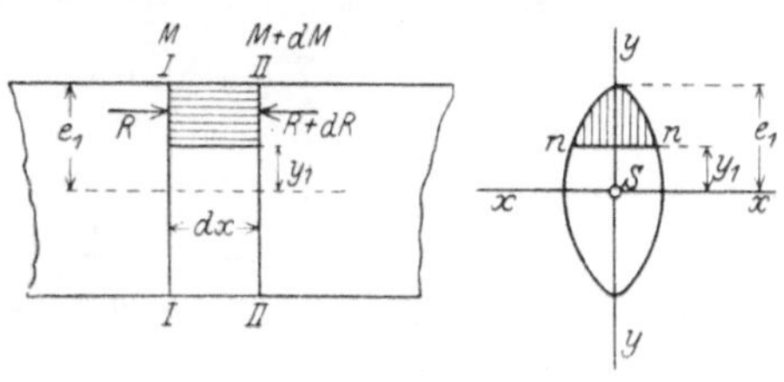

Fig. 107.

für die Flächeneinheit in der ganzen Breite des Querschnittes konstant ist, daß ferner in den Querschnittsteilen der betrachteten, benachbarten Querschnitte oberhalb der Linie $n\,n$ die Momente M und $M + dM$ und hier — bei Normalspannungen $=\sigma$ — die Summe dieser R bzw. $R + dR$ ist, so ergibt sich für die Grenzen y_1 bzw. e_1:

$$R = \int_{y_1}^{e_1} \sigma \, df$$

oder, da:

$$\sigma = \frac{M}{J_x} y,$$

so wird:

$$R = \int_{y_1}^{e_1} \frac{M}{J_x} y \, df$$

und ebenso:

$$R + dR = \int_{y_1}^{e_1} \frac{M + dM}{J_x} \, y \, df.$$

Da die beiden Normalkräfte R und $R + dR$ verschiedene Richtung haben — sie drücken im vorliegenden Fall je auf den zugehörenden Querschnitt —, so wird ihre Mittelkraft $= dR$:

$$dR = \int_{y_1}^{e_1} \frac{M + dM}{J_x} \, y \, df - \int_{y_1}^{e_1} \frac{M}{J_x} \, y \, df = \frac{dM}{J_x} \int_{y_1}^{e_1} y \, df.$$

Soll das hier in Frage stehende Balkenstück im Gleichgewichte sein, so muß die Summe der auf dieses einwirkenden wagerechten Kräfte $= 0$ sein. Der verbleibenden Kraft dR muß somit die wagerechte Schubkraft das Gleichgewicht halten, da keine andere Kräftewirkung auftritt. Bezeichnet man die Größe der Schubkraft für die Längeneinheit des Balkens mit T, so beträgt sie für die durch die Entfernung der beiden Querschnitte gegebene Länge dx: $T \cdot dx$, woraus folgt:

$$T \, dx = dR = \frac{dM}{J_x} \int_{y_1}^{e_1} y \, df,$$

$$T = \frac{dM}{dx} \frac{1}{J_x} \int_{y_1}^{e_1} y \, df.$$

Da, wie in der Trägerlehre nachgewiesen wird, $\dfrac{dM}{dx}$, d. h. das Moment, differenziert nach x, gleich der Vertikalkraft in dem in Frage stehenden Querschnitt $= Q$ ist, so folgt weiter:

$$T = \frac{Q}{J_x} \int_{y_1}^{e_1} y \, df.$$

Die Größe $\int_{y_1}^{e_1} y \, df$ ist das statische Moment des Querschnittsteils oberhalb der Linie $n\,n$, bezogen auf die x-Achse $= S_x$. Demgemäß wird:

$$T = \frac{Q\,S_x}{J_x}.$$

Da für einen und denselben Querschnitt Q und J_x konstante Werte sind, so ist T veränderlich mit S_x, und weil S_x für die wagerechte Schwerachse das Maximum erreicht, wird in ihr die Schubkraft ihren

Größtwert erhalten. Für verschieden gelegene, unter sich aber gleiche Querschnitte und gleiche Abschnitte dieser ist T abhängig von Q. Da die Vertikalkraft nach den Auflagern der Balken zunimmt und hier ihren Größtwert erreicht, so wird auch T für einen Balken hier sein Maximum erhalten. Sind verschiedene Belastungszustände möglich, so wird T bei der Belastung den Größtwert aufweisen, bei der Q das Maximum bekommt.

Für den Rechtecksquerschnitt $(h \cdot b)$ ergibt sich für $\int_{y_1}^{e_1} y\, df$ der Wert:

$$\int_{y_1}^{\frac{h}{2}} y \cdot b\, dy = \frac{b}{2}\left(\frac{h^2}{4} - y_1^2\right).$$

und da:

$$J_x = \frac{b\, h^3}{12}$$

ist:

$$T = \frac{12\, Q}{b\, h^3}\, \frac{b}{2}\left(\frac{h^2}{4} - y_1^2\right).$$

Der Größtwert tritt ein für $y_1 = 0$, d. h. für die wagerechte Schwerachse:

$$T_{\max} = \frac{12\, Q}{b\, h^3}\, \frac{b}{2}\, \frac{h^2}{4} = \frac{3}{2}\, \frac{Q}{h}.$$

Für den oberen und unteren Querschnittsrand ist $T = 0$, da hierfür $y_1 = \dfrac{h}{2}$ und somit der Klammer-Ausdruck: $\left(\dfrac{h^2}{4} - y_1^2\right) = 0$ wird. Der Verlauf erfolgt nach einer Parabel, vgl. Fig. 108.

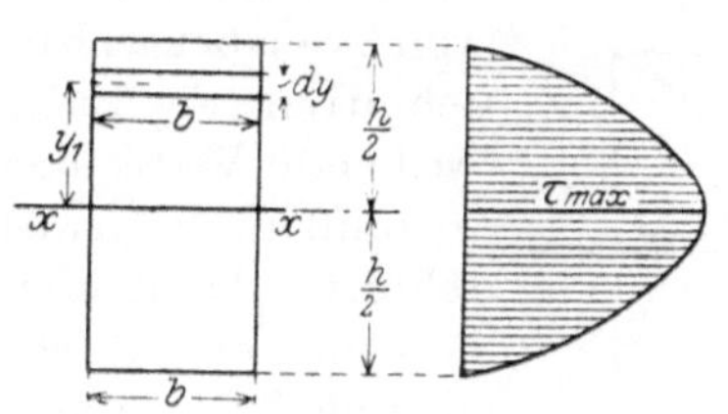

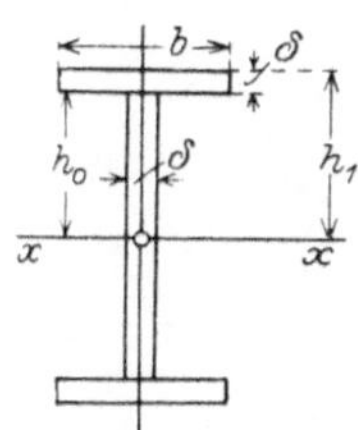

Fig. 108. Fig. 109.

Für den I-Querschnitt erlangt, da er aus dem Rechteck entwickelt ist, die Schubkraft in halber Steghöhe ihr Maximum. Hier wird (vgl. Fig. 109):

$$S_x = b\,\delta \cdot \left(h_0 + \frac{\delta}{2}\right) + h_0\,\delta\,\frac{h_0}{2},$$

so daß:

$$T = \frac{Q}{J_x} \cdot \left[b\,\delta \left(h_0 + \frac{\delta}{2} \right) + h_0^2\, \frac{\delta}{2} \right]$$

wird.

Besonders wichtig ist die Ermittlung der **wagerechten Schubkraft für genietete Blechbalken**, da bei ihnen die Nietung der angeschlossenen Gurtteile sich nach der wagerechten Schubkraft richtet.

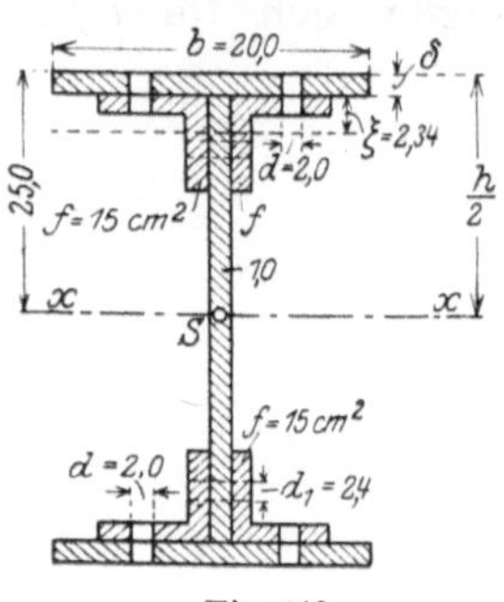

Fig. 110.

Hier handelt es sich (Fig. 110) sowohl um den Anschluß der Kopfplatten durch senkrechte Niete als auch der Winkeleisen gemeinsam mit den Kopfplatten durch wagerechte Niete. Aus der Fig. 110 folgt für diese Teile ein Wert für S_x:

$$S_x' = (b - 2\,d)\,\delta \cdot \left(\frac{h}{2} - \frac{\delta}{2} \right) \quad \text{(für Kopfplatten)}$$

bzw. für Kopfplatten und Winkel:

$$S_x'' = (b - 2\,d)\,\delta \left(\frac{h}{2} - \frac{\delta}{2} \right) + 2\,f \left(\frac{h}{2} - \delta - \xi \right).$$

Handelt es sich um die Größe der Schubkraft T, nicht wie vorstehend ermittelt, für die Längeneinheit, sondern für eine Länge $= e$, so wird:

$$T = \frac{Q\,S_x}{J_x} \cdot e\,.$$

Wie vorerwähnt, wirken außer den **wagerechten Schubspannungen auch noch senkrechte**, d. h. bei den belasteten Balken in der Richtung der Lasten, auf die Balkenelemente ein. Be-

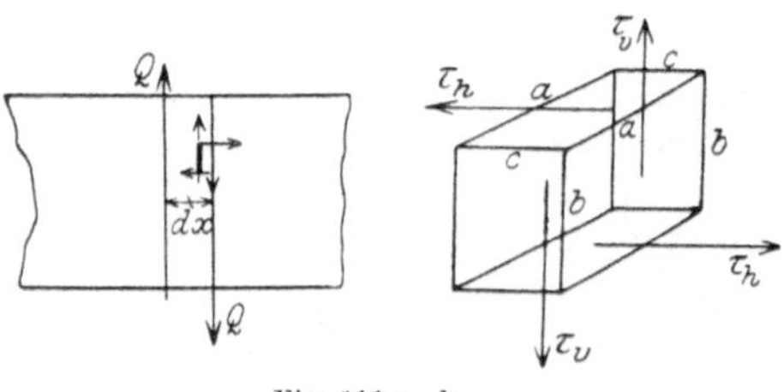

Fig. 111 a, b.

zeichnet man die in dem einen von zwei benachbarten Querschnitten (Fig. 111 a) aufwärts wirkende Vertikalkraft mit Q, so muß in dem zweiten Querschnitt, damit Gleichgewicht herrscht, eine gleiche Kraft Q, aber nach unten gerichtet, sich einstellen. Diese Kraft ist der senkrechte Abscherungswiderstand, welcher einem Verschieben des Balkenstückes längs der Querschnitte entgegenwirkt. Das Auftreten der senkrechten Schubspannungen kann auch dadurch erläutert werden, daß ohne sie bei einem kleinen Prisma im Innern des Balkens (Fig. 111 a) ein Gleichgewichtszustand nicht möglich wäre, weil die wagerechten Schubspannungen hier ein Kräftepaar bilden, dem durch die senkrechten erst das Gleichgewicht gehalten werden kann. Denkt man sich die wagerechten und senkrechten Schubspannungen des differential kleinen, beliebig geformten Prismas in Fig. 111 b in der Mitte der Prismafläche angreifend, so entspricht ihnen je ein Kräftepaar:

a) bei den senkrechten Schubspannungen (τ_v): von $\tau_v \cdot b \cdot c$ am Hebelarme $= a$; d. h. es ist ihr Drehmoment:

$$M = \tau_v \cdot a \cdot b \cdot c,$$

b) bei den wagerechten Schubspannungen, der Kraft je $\tau_h \cdot a \cdot c$, und dem Hebelarm $= b$ von:

$$M_1 = \tau_h \cdot a \cdot c \cdot b.$$

Da im Zustande des Gleichgewichts sich die beiden Drehmomente ausgleichen müssen, wird:

$$M = M_1 = \tau_v \cdot a \cdot b \cdot c = \tau_h \cdot a \cdot c \cdot b \,,$$

d. h.

$$\tau_v = \tau_h \,.$$

Es ist also die an irgendeiner Stelle auf die Längeneinheit wirkende lotrechte Schubspannung gleich der an derselben Stelle auf die Längeneinheit wirkenden wagerechten Schubspannung. Demgemäß wird also auch die bei Biegung auftretende senkrechte Schubkraft:

$$V = \frac{Q\,S_x}{J_x} \text{ [1]}.$$

Setzt man die an einem kleinen Würfel im Innern eines Balkens auftretenden senkrechten und wagerechten Schubspannungen zu in den Kanten dieses Würfels angreifenden Mittelkräften zusammen, die also alsdann senkrecht zur Diagonalfläche des Würfels gerichtet sind, so entstehen unter 45° zur Wagerechten gerichtete Kräfte, die je nach der Zusammenfassung der Schubspannungen als schiefe Druck- bzw. Zugkräfte auftreten.

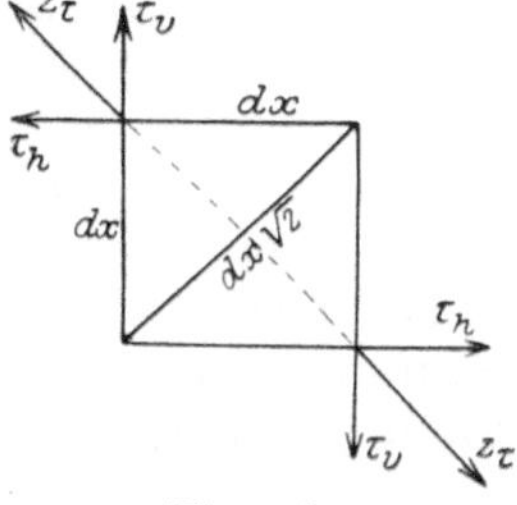

Fig. 112.

Hat (Fig. 112) der Würfel eine Kante $= dx$, so werden die Schubkräfte in der wagerechten bzw. senkrechten Ebene $\tau_h\, dx^2$ bzw. $\tau_v\, dx^2$

---

[1]) Bei dem obigen Nachweise ist die Einwirkung der Normalkräfte auf das differential kleine Prisma nicht in Rechnung gestellt und ebenso auch die Eigengewichtswirkung desselben nicht berücksichtigt worden, da die hierdurch hervorgerufenen Unterschiedskräfte vernachlässigbar klein sind, namentlich für die Rechnungen, wie sie im Hochbau vorkommen.

und ihre Mittelkraft ergibt sich zu:

$$Z_r = \sqrt{(\tau_h\, dx^2)^2 + (\tau_v\, dx^2)^2} = \tau\, dx^2\, \sqrt{2}\,,$$

da $\tau_h = \tau_v = \tau$ ist.

Da die Diagonalfläche des Würfels

$$= dx\, \sqrt{2} \cdot dx = dx^2\, \sqrt{2}$$

ist, so wird mithin in ihr die schiefe Spannung — die sogenannte schiefe Hauptspannung —:

$$z_r = \frac{Z_r}{F} = \frac{\tau\, dx^2\, \sqrt{2}}{dx^2\, \sqrt{2}} = \tau\,,$$

d. h. ebenso groß wie die Schubspannung:

$$z_r = \tau_h = \tau_v\,.$$

Diese s c h i e f e n H a u p t z u g s p a n n u n g e n spielen eine wichtige Rolle bei den Verbundkonstruktionen und werden hier, da sie selbst unter 45° nach dem Balkenauflager zu gerichtet sind, von ebenso gerichteten besonderen Eiseneinlagen aufgenommen. Stellt (Fig. 113) die Fläche über der Balkenachse die Fläche der wagerechten Schubspannungen $= F\tau_1$, $F\tau_2$ usw. dar, so ergeben sich die Flächen der schiefen Hauptzugspannungen in der dargestellten Weise aus ihnen. Da die Spannungen selbst gleich sind, verhalten sich die schiefen Hauptzugsspannungsflächen zu den entsprechenden Flächen der wagerechten Schubspannungen wie:

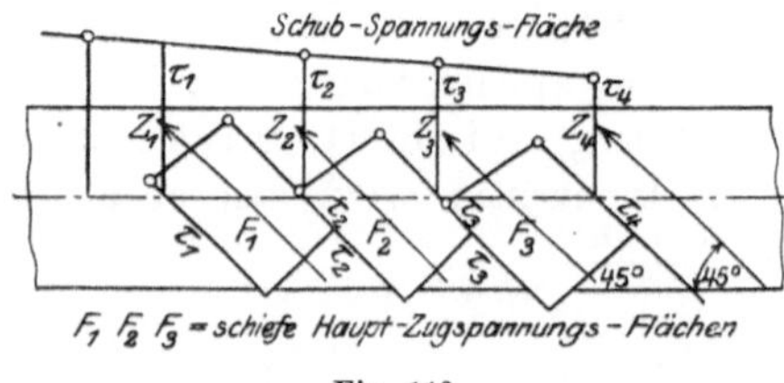

Fig. 113.

$$F : F_r = 1 : \sqrt{2}\,; \qquad F = \frac{F_r}{\sqrt{2}}\,.$$

Hieraus folgt das Bildungsgesetz der Flächen zur Ermittlung der schiefen Hauptzugsspannungen und damit dieser selbst, vgl. das Beispiel auf S. 111.

c) Zahlenbeispiele.

1. Ein aus zwei ⸦-Eisen bestehender Stab hat (Fig. 114) eine Zugkraft von 37 t auf ein zwischen beide ⸦-Profile eingeschobenes Knotenblech zu übertragen. Zum Anschlusse sind 6 Niete vom Durchmesser $= 2{,}0$ cm verwendet. Die in ihnen auftretende Schubspannung wird gesucht.

Soll die Verbindung durch Überwindung der Schubfestigkeit der Niete zerstört werden, so müssen in jedem der 6 Niete je 2 Schubflächen (1 und 1) abgeschert werden. Beträgt τ die gesuchte Schubbelastung des Flußeisens, aus dem die Niete hergestellt sein sollen, so ist die Schubkraft, die sie übertragen können:

$$T = 6 \cdot 2 \cdot \frac{d^2 \pi}{4} \cdot \tau = 6 \cdot 2 \cdot \frac{4 \cdot 3{,}14}{4}\,\tau = 12 \cdot 3{,}14\,\tau = 37{,}68\,\tau \; .$$

Im Gleichgewichtszustand muß $T = P$ sein, woraus folgt:

$$T = 37{,}68\,\tau = 37{,}0 = P \; ,$$

$$\tau = \frac{37{,}0}{37{,}68} = \text{rd. } 0{,}98 \text{ t/qcm} = 980 \text{ kg/qcm} .$$

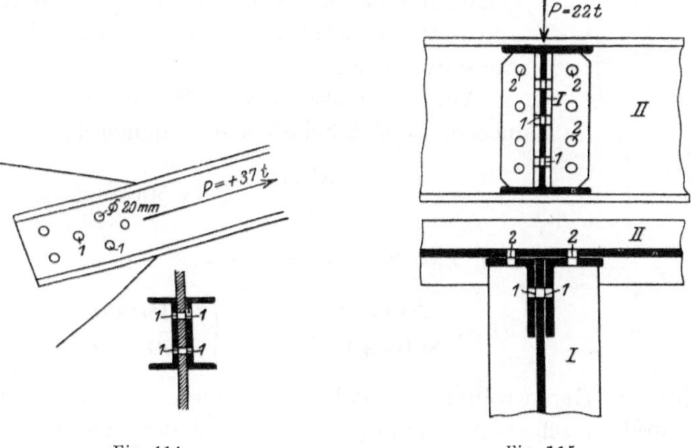

Fig. 114.   Fig. 115.

2. Ein ⊥-Träger *I* soll in der in Fig. 115 dargestellten Weise vermittels Nieten vom Durchmesser $= 22$ mm an den ⊥-Träger *II* angeschlossen werden und an seiner Anschlußstelle die Kraft von 22 t übertragen. Gesucht wird die Anzahl der Niete, die bei zulässiger Schubbelastung von 1000 kg/qcm erfordert sind.

Die Zerstörung der Verbindung kann hier auf zweifache Art erfolgen; einmal kann der Träger *I* mit seinen Anschlußwinkeln gemeinsam durch Abschieben der Nietflächen „*2*" von dem Träger *II* abgetrennt werden, und zum anderen kann der Träger *I* nach Überwindung der Scherfestigkeit der Niete *1* sich aus der Umklammerung durch die beiden Winkel lösen. Im ersten Falle werden bei jedem Niet „*2*" nur je eine Schubfläche belastet (einschnittige Nietung), während im zweiten Fall von jedem Niet *1* je 2 Scherflächen Widerstand leisten. Bezeichnet man die Anzahl der erforderlichen Schubflächen der Niete bei dem Durchmesser $= 2{,}2$ cm mit n, so wird:

$$n\frac{d^2\,\pi\,\tau}{4} = n\frac{2{,}2^2\,\pi\,\tau}{4} = n\frac{2{,}2^2\cdot 1000}{4}\pi = P = 22\ \mathrm{t} = 22\,000\ \mathrm{kg}.$$

Hieraus folgt:

$$n = \frac{22\,000\cdot 4}{1000\cdot 2{,}2^2\cdot 3{,}14} = \frac{88}{4{,}84\cdot 3{,}14} = \frac{88}{15{,}20} = \mathrm{rd.}\ 6,$$

d. h. es sind zum mindesten 6 Niete „2“ und 3 Niete „1“ notwendig. Gesetzt sind 8 Niete „2“ und 3 Niete „1“, vgl. Fig. 118.

   3. Auf einen Balken soll (Fig. 116) vermittels einer in Gabelform ausgeschmiedeten Rundeisenzugstange eine Kraft von 5000 t übertragen werden. Gesucht wird der Durchmesser des zylindrischen Anschlußbolzens und sein Abstand a von dem oberen Rande der Ausschmiedung.

   Auch hier werden vom Bolzen mit dem Durchmesser $= d$ 2 Schubflächen belastet:

$$\frac{2\,d^2\,\pi\,\tau}{4} = P = 5000\ \mathrm{kg}.$$

Für $\tau = 800$ kg/qcm wird:

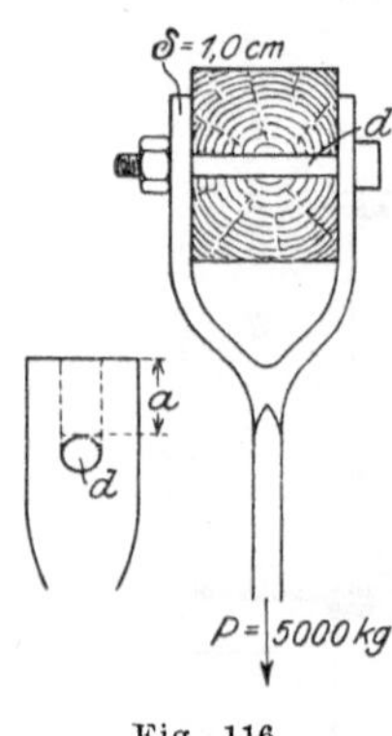

Fig. 116.

$$d^2 = \frac{5000\cdot 2}{800\cdot 3{,}14}\ ;\qquad d = \sqrt{\frac{10\,000}{800\cdot 3{,}14}} = \mathrm{rd.}\ 2{,}0\ \mathrm{cm}.$$

Damit ein Herausreißen des Bolzens aus dem seitlichen Lappen der Gabel durch Abschieben verhindert wird, muß der Abstand a an die folgende Bedingung geknüpft sein:

$$2\,a\cdot\delta\cdot\tau_1 \geqq \frac{P}{2},$$

da auf jede Hälfte der Gabel am Anschlusse an den Bolzen die Kraft $= \dfrac{P}{2}$ einwirkt. Läßt man für τ den Wert von 600 kg/qcm (einen verhältnismäßig geringen Wert im Hinblicke auf die Schmiedearbeit der Verbindung) zu, so wird:

$$a \geqq \frac{2500}{2\cdot 1{,}0\cdot 600} \geqq \frac{2500}{1200} \geqq \mathrm{rd.}\ 2{,}1\ \mathrm{cm}.$$

Gewählt wird zweckmäßig 3,0 cm.

   4. Die Strebe in Fig. 117, unter 30° zur Wagerechten, also auch zur Balkenachse, geneigt, hat auf den Balken eine Kraft $P = 12\,000$ kg

zu übertragen. Die Holzverbindung wird in der dargestellten Weise durch einen Zapfen bewirkt. Gesucht wird der Abstand s der Strebe vom Balkenende im Hinblick auf eine schubsichere Verbindung.

Die unter $30°$ gerichtete Kraft $P = 12\,000$ kg kann man sich in zwei Seitenkräfte zerlegt denken, deren eine $P \sin\alpha$ senkrecht auf die Verbindungsstelle einwirkt, hier also einen Druck und durch diesen eine Reibungskraft hervorruft, während die andere $P \cos\alpha$, wagerecht gerichtet, sich bemüht, das Holzprisma am Balkenende $v\,w\,u\,t$, das vor dem Zapfen liegt, herauszuschieben. Hier kommen demgemäß als widerstehende Schubflächen in Frage: $(d\,a + a\,b + b\,c) \cdot s$.

Bezeichnet man die Reibungszahl zwischen Hirnholz und Langholz mit f, so wird die Reibungskraft infolge der Kraft $P \sin\alpha$:

$$= f\,P \sin\alpha = 0{,}3\,P \sin\alpha ,$$

und somit steht eine Verschiebung so lange nicht zu befürchten, als: $s(d\,a + a\,b + b\,c)\,\tau + f\,P \sin\alpha > P \cos\alpha >$ als die verschiebende Kraft ist.

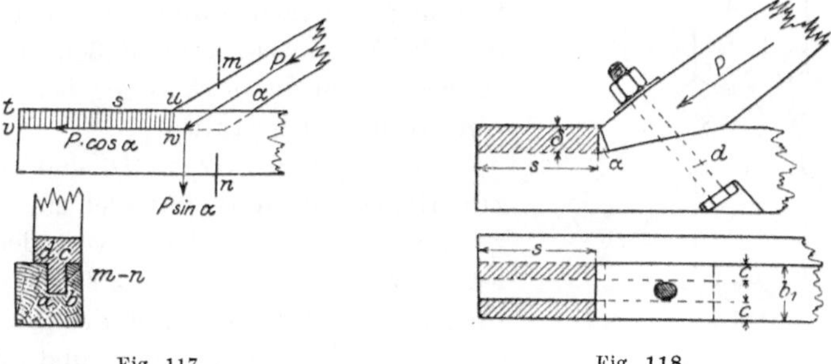

Fig. 117. Fig. 118.

Läßt man für τ die zulässige Belastung von 10 kg/qcm zu, so wird:

$$s\,(d\,a + a\,b + b\,c)\,10 + 0{,}3\,P \sin\alpha > P \cos\alpha .$$

Ist im vorliegenden Falle: $d\,a = b\,c = 8$ cm, $a\,b = 6$ cm, $\alpha = 30°$, $\sin\alpha = 0{,}500$, $\cos\alpha = 0{,}866$, so ergibt sich für:

$$s > \frac{12\,000 \cdot 0{,}866 - 0{,}3 \cdot 12\,000 \cdot 0{,}5}{(6 + 2 \cdot 8) \cdot 10} > \frac{12\,000 \cdot 0{,}716}{220} > \text{rd. } 40 \text{ cm.}$$

4. Ähnlich ist die ebenfalls durch eine schiefe Druckkraft $= P$ belastete Holzverbindung in Fig. 118 — Doppelversatzung und Befestigungsbolzen — zu berechnen. Ohne Berücksichtigung der Reibung sind hier die auf Schub widerstehenden Flächen: $3 \cdot s\,\delta + 2\,s\,c$, wobei die Teilnahme des kleinen Holzstückes a vernachlässigt ist. Auch genügt es, für den Bolzen als Abscherungsquerschnitt einen Kreis ein-

zuführen, zumal diese Annahme gegenüber der tatsächlich in Frage kommenden Ellipsenform des Schubquerschnitts eine vergrößerte Sicherheit in sich schließt. Demgemäß muß hier sein:

$$s(3\,\delta + 2\,c)\,\tau_1 + \frac{d^2\,\pi\,\tau_2}{4} > P\cos\alpha\ .$$

Hieraus folgt z. B.:

$$d^2 > \frac{4}{\tau_2\,\pi}\left\{P\cos\alpha - \tau_1\,s(3\,\delta + 2\,c)\right\}\ .$$

Ist z. B. $P = 15\,000$ kg, der Neigungswinkel der Strebe $= 24^\circ$, $\cos\alpha = 0{,}913$, $\tau_2 = 800$ kg/qcm, $\tau_1 = 10$ kg/qcm, $\delta = 5$ cm, $c = 7{,}0$ cm, $s = 20$ cm, so wird:

$$d^2 > \frac{4}{800\cdot 3{,}14}\left\{15\,000\cdot 0{,}913 - 10\cdot 20(3\cdot 5 + 2\cdot 7)\right\} = \text{rd. }13\text{ qcm,}$$

$$d \cong 3{,}6\text{ cm.}$$

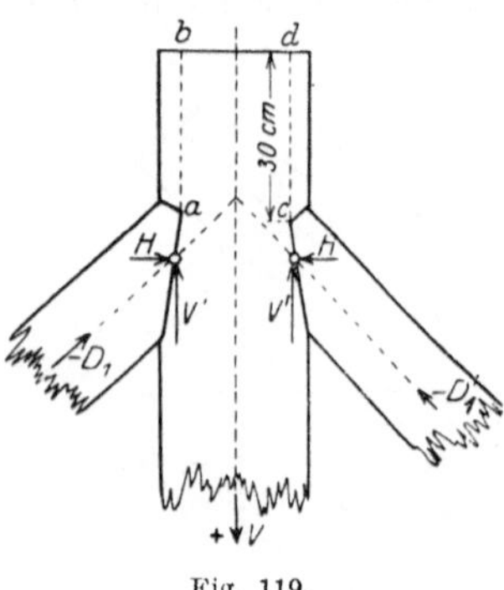

Fig. 119.

5. Die in Fig. 119 dargestellte Verbindung zwischen einer Hängesäule und den beiden an sie anschließenden Druckstreben ist für die dort angegebenen Kräfte schubsicher zu gestalten.

Die Druckkräfte $D_1 = D_1'$ sind senkrecht zur Hängesäule und parallel zu ihr in je zwei Seitenkräfte zerlegt, von denen die letzteren die Größe von je 3000 kg erhalten mögen. Bei einer zulässigen Schubbelastung des Holzes von 10 kg/qcm und bündiger Lage der Streben und der Säule, also der Entgegenwirkung von Schubflächen nur in der Ebene $a\,b$ bzw. $c\,d$, ergibt sich deren Größe bei einer Dicke des Holzes $= \delta$ zu:

$$\delta\text{ cm} \cdot a\,b\text{ cm} \cdot 10\text{ kg/qcm} = 3000\text{ kg,}$$

$$\delta \cdot a\,b = 300\text{ qcm.}$$

Ist $\delta = 15$ cm, so wird $a\,b = \dfrac{300}{15} = 20$ cm. Macht man aus Konstruktionsgründen $a\,b = 30$ cm, so wird bei $\delta = 15$ cm die einem Abschieben widerstrebende Kraft:

$$T = 30\cdot 15\cdot 10 = 4500\text{ kg} > 3000\text{ kg.}$$

6a. Für den in Fig. 110 (Seite 104) dargestellten Blechbalken ist $Q_{\max} = 16\,600$ kg. Die anzuschließenden Kopfplatten haben Abmessungen von $b = 20$ und $\delta = 1$ cm. Ihre Niete sind mit 2,0 cm ausgeführt und haben einen gegenseitigen Abstand $= e$ von 20 cm. Der 50 cm hohe Balken hat ein $J_x = 55\,300$ cm^4. Gesucht wird die Schubkraft, welche diese Niete aufnehmen müssen. Es ist (vgl. S. 104):

$$T = \frac{Q}{J_x}\,S_x\,e\;.$$

Da $S_x = 20 \cdot 1\,(25 - 0,5) = 490$ cm^3 ist, so wird:

$$T = \frac{16\,600 \text{ kg} \cdot 490 \text{ cm}^3}{55\,300 \text{ cm}^4} \cdot 20 \text{ cm} = \text{rd. } 2922 \text{ kg.}$$

Es haben mithin je 2 Niete eine Schubspannung auszuhalten von:

$$2\,f\,\tau = \frac{2\,d^2\pi\,\tau}{4} = \frac{2 \cdot 2^2 \cdot 3{,}14\,\tau}{4} = 6{,}28\,\tau = T\;,$$

$$\tau = \frac{2922}{6{,}28} = \text{rd. } 470 \text{ kg/qcm.}$$

6 b. In gleicher Weise ist der Anschluß der Winkeleisen und der Kopfplatten an das Stehblech zu berechnen. Hier sind die Abstände der 2,4 cm starken Niete ebenfalls zu 20 cm bemessen. Für S_x ergibt sich (vgl. Fig. 110):

$$S_x = 20 \cdot 1\,(25 - 0,5) + 2 \cdot 15 \cdot (25 - 1 - 2,34) = 1139 \text{ cm}^3.$$

$$T = \frac{16\,600 \cdot 1139}{55\,300}\,20 = \text{rd. } 6800 \text{ kg.}$$

Demgemäß wird die Schubbelastung der hier verwendeten Niete:

$$\tau = \frac{T}{\dfrac{2\,d_1^2\pi}{4}} = \frac{6800}{2 \cdot 4{,}52} = 750 \text{ kg/qcm.}$$

7. Ein Verbundbalken von rechteckigem Querschnitt und einer Breite $= 40$ cm habe am Auflager eine wagerechte Schubspannung von 12,5 kg/qcm, und bei geradlinigem Spannungsverlauf in Entfernung von 3,25 m von hier von 4,0 kg/qcm, vgl. Fig. 120.

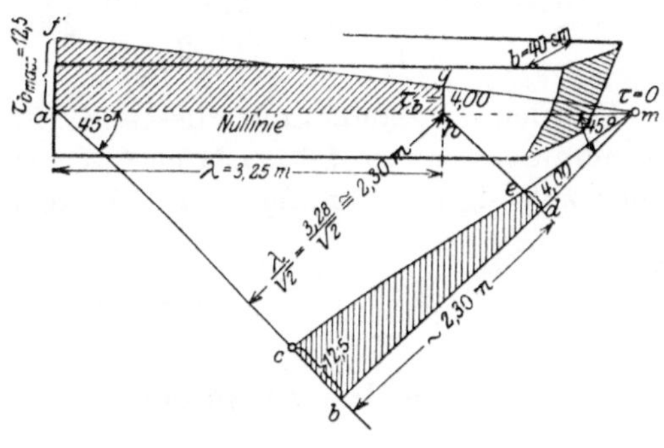

Fig. 120.

Die hierzu gehörende Fläche der schiefen Hauptzugspannungen ist zu konstruieren und die gesamte schiefe Hauptzugspannung zu berechnen.

Da, wie auf S. 106 nachgewiesen, die Fläche der schiefen Hauptzug-spannungen sich zur Fläche der wagerechten Schubspannungen wie $1 : \sqrt{2}$ verhält, die schiefen Hauptzugspannungen aber gleich den entsprechenden Schubspannungen sind, so ergibt sich die zeichnerische Ermittlung der Flächen der schiefen Hauptzugspannungen dadurch, daß man, von der Nullinie des Balkens ausgehend, in der die Größtwerte der Schubspannungen auftreten, je 2 Gerade unter 45° durch a und m (für $\tau_b = 0$) zieht: $a\,b$ und $m\,b$, ferner den zur Spannung $\tau_b = 4{,}0$ kg/qcm gehörenden Punkt d auf $m\,b$ bestimmt und nunmehr in b und d die Schubspannung $\tau_{b\,\max} = 12{,}5$ bzw. $\tau_b = 4{,}0$ kg/qcm aufträgt und ihre Endpunkte geradlinig durch die Linie $c\,e$ verbindet. Alsdann stellt die Fläche $b\,c\,e\,d$ die Fläche der schiefen Hauptzugspannungen dar, denn es ist:

$$\text{Fl. } b\,c\,e\,d = F_z = \frac{b\,c + e\,d}{2} \cdot \frac{\lambda}{\sqrt{2}},$$

während die Fläche der Schubspannungen:

$$\text{Fl. } a\,f\,g\,h = F_r = \frac{a\,f + h\,g}{2} \cdot \lambda = \frac{b\,c + e\,d}{2} \cdot \lambda$$

ist. Daraus folgt:

$$\frac{F_r}{F_z} = \frac{\lambda}{\dfrac{\lambda}{\sqrt{2}}} = \frac{\sqrt{2}}{1}$$

w. z. b. w.

Die gesamte schiefe, im Verbundbau von unter 45° gerichtetem Eisen aufzunehmende Zugkraft ist mithin:

$$Z_r = \frac{b\,c + e\,d}{2} \cdot \frac{\lambda}{\sqrt{2}} \cdot b = \frac{12{,}5 + 4{,}0}{2} \cdot 230 \cdot 40 = 8{,}25 \cdot 9200 = 75\,900 \text{ kg}.$$

Werden zur Aufnahme dieser Kräfte Rundeisen von je 26 mm Durchmesser mit je $f_e = 5{,}31$ cm² verwendet, so ist ihre Anzahl bei einer zulässigen Spannung von 1200 kg/qcm:

$$n = \frac{75\,900}{1200 \cdot 5{,}31} = \text{rd. } 12 \,.$$

6. Die zusammengesetzte Festigkeit.

Die zusammengesetzte Wirkung von Normal- und Biegungsbelastung und die Reibung bei schiefem Kraftangriff.

Für häufiger vorkommende Berechnungen des Hochbaues hat von den verschiedenartigen, aus dem Zusammenwirken einfacher Festigkeiten sich bildenden zusammengesetzten Beanspruchungen ausschließlich die Vereinigung von Normal- und Biegungsspannungen, also die gleichzeitige Inanspruchnahme des Querschnitts durch eine zentral wirkende Normalkraft und ein Biegungsmoment eine größere Bedeutung. Eine solche zusammengesetzte Beanspruchung kann — bei Berücksichtigung üblicher Belastungsfälle — entweder entstehen, wenn ein in der Achse durch eine Längskraft belasteter Stab durch eine zur Achse (in der Regel) senkrecht gerichtete Kraft verbogen wird, oder sie kann durch eine senkrecht zum Querschnitt liegende, exzentrisch angreifende Kraft bedingt sein. In beiden Belastungsfällen ist die Beanspruchungsart die gleiche, da auch — wie bereits auf S. 60 hervorgehoben wurde — die Wirkung jeder exzentrisch zum Querschnitt gerichteten senkrechten Kraft ohne weiteres durch die einer zentrisch wirkenden Kraft und ein verbiegendes Moment ersetzt werden kann. Bei der Ermittlung der auftretenden Spannungen wird zu unterscheiden sein, ob die Kraftebene den Querschnitt in einer Hauptachse oder schiefwinklig schneidet; in letzterem Fall, ob ihre Schnittlinie durch den Schwerpunkt des Querschnitts geht oder außerhalb dieses zu liegen kommt. Ferner wird zu trennen sein, ob der Querschnitt einheitlich, d. h. nur auf Druck oder nur auf Zug bzw. zugleich auf Druck und Zug durch die zusammengesetzte Beanspruchung belastet wird, und ob im letzteren Fall sein Baustoff geeignet ist, beide Arten von Spannungen oder nur eine aufzunehmen. Hierbei wird es sich bei den Hochbaukonstruktionen vorwiegend um Mauerkörper handeln, die zwar auf Druck erhebliche Lasten zu tragen vermögen, gegen Zugwirkung aber weniger sicher sind und daher besser nach dieser Richtung hin nicht belastet werden. In gleichem Sinne darf auch eine Erdschicht nur gedrückt werden. Da ihre Kohäsion als Sicherheit nicht in Rechnung gestellt werden darf, vermag sie keinen Zug aufzunehmen.

Wirkt auf einen Querschnitt die ihn beanspruchende Kraft (P) (bei exzentrischem oder zentralem Angriffe) schiefwinklig ein, so ist sie (Fig. 121) in eine senkrecht zum Querschnitt angreifende Kraft (N) und in eine in seiner Ebene wirksame (H) zu zerlegen. Letztere belastet alsdann den Querschnitt auf Schub und kann so lange unberücksichtigt bleiben, als die Gefahr

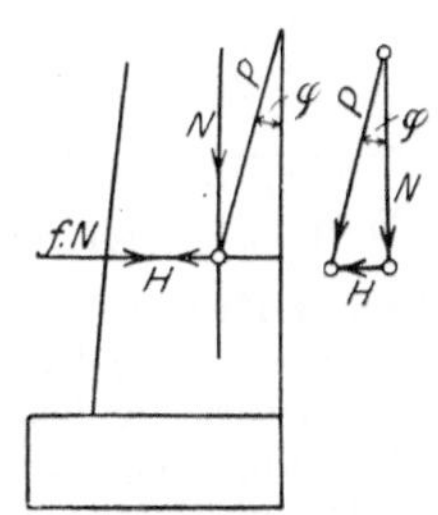

Fig. 121.

eines Gleitens der Querschnitte aufeinander ausgeschlossen ist. Diese Gleitung wird durch den Reibungswiderstand der einzelnen Querschnitte verhindert, der eine Folge der Rauheit der Querschnittsoberflächen und in Verbindung hiermit eine Funktion der auf ihr lastenden Normalkraft ist. Den einzelnen Baustoffen ist eine verschieden große Reibung eigen, die neben ihrer Art in erster Linie von der Gestaltung und Bearbeitung der Oberflächen abhängt. Diese spezifische Reibungsgröße, die Reibungsziffer (f), ist für die verschiedenen Baustoffe durch Versuche ermittelt. In der Zusammenstellung in Anm.[1]) sind die Größen f für die wichtigsten, gleichartigen oder verschiedenen, sich berührenden Baustoffe gegeben.

Ist N die Normalkraft, so ist bei einer Reibungszahl $= f$ der Reibungswiderstand: $N \cdot f$, und solange $N \cdot f > H$ ist, steht eine Gleitung nicht zu befürchten, da der Reibungswiderstand stets einer Bewegung entgegenwirkt.

Führt man für ein Verhältnis $\dfrac{H_0}{N_0}$, bei dem gerade noch der Gleichgewichtszustand vorhanden ist, aber ein Gleiten nahe bevorsteht, die Winkelfunktion $\operatorname{tg}\varphi$ ein, so wird $\operatorname{tg}\varphi = f$; φ führt den Namen des Reibungswinkels. Auch dieser darf also nicht überschritten werden, wenn eine Gleichgewichtsstörung vermieden werden soll.

Ist die Wirkung der Seitenkraft in der Ebene des Querschnitts als nicht gefährlich nachgewiesen, oder war die Kraft von vornherein normal, so sind die durch diese und das Moment hervorgerufenen Biegungsspannungen zu untersuchen. Sie bilden in fast allen praktischen Fällen die gefährliche Belastungsart des Querschnittes und können je nach den Größen und dem Verhältnis von Normalkraft und Moment als gefährliche Druckspannung oder Zugspannung am Querschnittsrande auftreten.

Ist für einen Querschnitt das durch die exzentrisch wirkende Normalkraft N in bezug auf den Querschnittsschwerpunkt bedingte Moment und die Exzentrizität der Normalkraft, d. h. ihr Abstand vom Schwerpunkt $= e$ gegeben, so ist diese selbst bekannt, denn es ist:

$$M = eN; \quad N = \frac{M}{e} .$$

---

[1]) Es ist für die Berührung von:

	φ	f
Stein auf Stein, Mauerwerk auf Mauerwerk, auf Beton usw.	$35°$	0,70
Mauerwerk auf trockenem Baugrund	$33°$	0,65
Mauerwerk auf feuchtem Baugrund	$19° 20'$	0,35
Holz auf Stein	$33°$	0,65
Holz auf Metall	$31°$	0,60
Holz auf Holz	$17°$	0,30
Stahl auf Stahl	$8° 30'$	0,15
Gußeisen auf Gußeisen	$11° 20'$	0,20
Eisen auf Stein	$7° 30'$	0,13
Eisen auf Kies	$22°—17°$	0,4—0,3
Schmiedeeisen auf Schmiedeeisen	$24° 30'$	0,45
Gußeisen auf Stahl	$18° 30'$	0,33

Ebenso liefert diese selbstverständliche Beziehung auch, wenn M und N gegeben sind, die Größe:

$$e = \frac{M}{N}.$$

Schon auf S. 60 wurde hervorgehoben, daß eine jede exzentrisch wirkende Kraft im Querschnitte eine Verbiegung infolge des Kräftepaares $N \cdot e$ und eine Normalbelastung durch die im Schwerpunkt angreifende Kraft N auslöst (vgl. Fig. 94). Addiert man die beiden Spannungen zueinander (Fig. 122), so entsteht ein Spannungsdiagramm, bei dem an den Querschnittsrändern verschieden große Spannungen sich ausbilden und demgemäß **die Nullinie nicht mehr durch den Schwerpunkt geht**, sondern, falls die Randspannungen entgegengesetzte Vorzeichen erhalten, außerhalb desselben den Querschnitt schneidet, sonst überhaupt außerhalb dieses liegt. Die letztere Lage schließt also das Auftreten einer einheitlichen Spannung im Querschnitte in sich und kann nur alsdann eintreten, wenn die durch die im Schwerpunkt angreifende Normalkraft erzeugten Spannungen, absolut betrachtet,

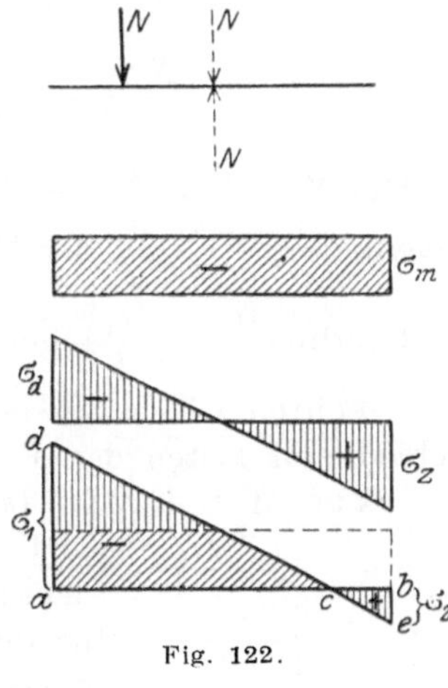

Fig. 122.

größer sind als die Spannungen aus der Biegung. **In dieser Verschiebung der Nullinie gegenüber ihrer zentralen Lage bei ausschließlich axialer Biegungsbeanspruchung liegt das bezeichnende Merkmal bei der hier vorliegenden zusammengesetzten Spannung aus Normal- und Biegungsbelastung.**

Der Querschnitt vermag Druck- und Zugspannungen aufzunehmen.

Bei den folgenden Erörterungen, die

die Lage der Nullinie gegenüber dem Kraftangriffe und ihre Auffindung

zum Gegenstande haben, werde zunächst vorausgesetzt, daß die **Kraftebene den Querschnitt in einer Schwer- (Haupt-) Achse schneidet.** Ist alsdann in Fig. 123 k der in der Achse yy liegende Angriffspunkt der exzentrisch wirkenden Normalkraft N, ihr Abstand von dem Querschnittsschwerpunkte $= f$ und sucht man für einen beliebigen Punkt des Querschnittes ($x'\,y'$ oder $x''\,y''$) innerhalb der Zone zwischen Nullinie und stärkst belasteter Querschnittsaußenkante die auftretende Spannung (σ), so wird:

$$\sigma = \frac{N}{F} + \frac{M \cdot y'}{J_x} = \frac{N}{F} + \frac{N f \cdot y'}{J_x}.$$

Da in der Nullinie die Spannung $= 0$ ist, so wird für den hier vorliegenden Wert $y' = y_0$:

$$\sigma = 0 = \frac{N}{F} + \frac{N f y_0}{J_x}$$

oder:

$$\frac{N}{F} = -\frac{N f y_0}{J_x}, \qquad y_0 = -\frac{J_x}{F f} = -\frac{i_x^2}{f},$$

worin, wie stets, F den Querschnitt in seiner ganzen Ausdehnung bezeichnet und für $\dfrac{J_x}{F}$ der Wert des Quadrats des zugehörenden Trägheitsradius $\left(i_x^2 = \dfrac{J_x}{F} \right)$ gesetzt ist (vgl. S. 55/56). Das $-$-Zeichen auf der rechten Gleichungsseite läßt erkennen, daß y_0 und f auf verschiedenen Seiten der x-Achse liegen, d. h. daß dem Angriffspunkte der Kraft (k) eine Lage der Nullinie auf der

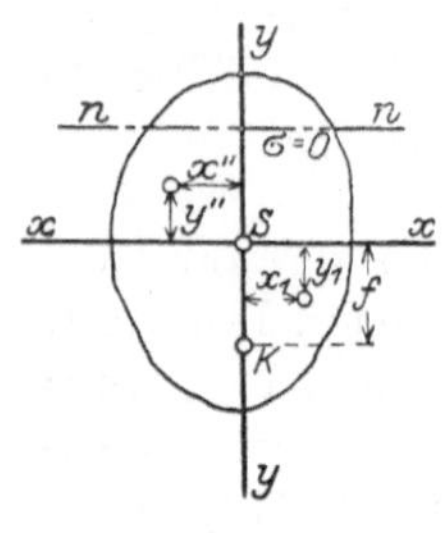

Fig. 123.

anderen Seite der zugehörenden Achse entspricht. Zugleich zeigt die Gleichung, daß für den Fall, daß $f = \infty$ wird, also der Angriffspunkt der Kraft im Unendlichen liegt, der Wert $y_0 = 0$ ist, also die Nullinie alsdann durch den Schwerpunkt geht; ebenso entspricht dem Wert $f = 0$ die Größe $y_0 = \infty$, d. h. — wie bekannt — liegt die Nullinie im Unendlichen, wenn die Kraft N im Schwerpunkte angreift. Da f im Nenner auf der rechten Seite steht, wird mit Vergrößerung von f der Nullinienabstand kleiner und umgekehrt. Entfernt sich also der Angriffspunkt der Kraft vom Schwerpunkt, so nähert sich ihm die Nullinie, und nähert er sich dem Schwerpunkt, so entfernt sich die Nullinie von ihm. Beide führen also in bezug auf den Schwerpunkt entgegengesetzte Bewegungen aus.

Unter Beachtung dieser Lageverhältnisse kann man y_0 als vierte Proportionale nach der Gleichung konstruieren:

$$y_0 \cdot f = i_x^2; \qquad y_0 : i_x = i_x : f.$$

Das setzt natürlich voraus, daß neben dem Angriffspunkte der Kraft auch die Größe des Trägheitsradius i_x bekannt ist.

Ist nicht die y-, sondern die x-Achse die Schnittlinie der Kraftebene mit dem Querschnitt, greift also N in der x-Achse an, so wird in gleicher Weise:

$$x_0 = -\frac{i_y^2}{f'} \; ;$$

oder absolut:

$$x_0 \, f' = i_y^2$$

und:

$$x_0 : i_y = i_y : f' \; .$$

Hierin ist:

$$i_y^2 = \frac{J_y}{F} \; .$$

Da in den Gleichungen für die Lage der Nullinie nur die Querschnittsabmessung i (i_x bzw. i_y) und der Abstand der Normalkraft, diese selbst aber nicht vorkommt, so folgt, daß die Lage der Nullinie unabhängig ist von der Größe der Normalkraft.

Denkt man sich (Fig. 124) die Kraft N in einem beliebigen Querschnittspunkte k angreifend und legt man durch ihn eine beliebige Gerade, welche die Querschnittsschwerachsen in den Punkten k_1 und k_2 schneidet, so kann man sich in diesen Punkten zwei Seitenkräfte angreifend denken, zu denen die Normalkraft in k die Mittelkraft darstellt. Hierdurch entstehen die Abstände dieser Seitenkräfte vom Schwerpunkt, b auf der

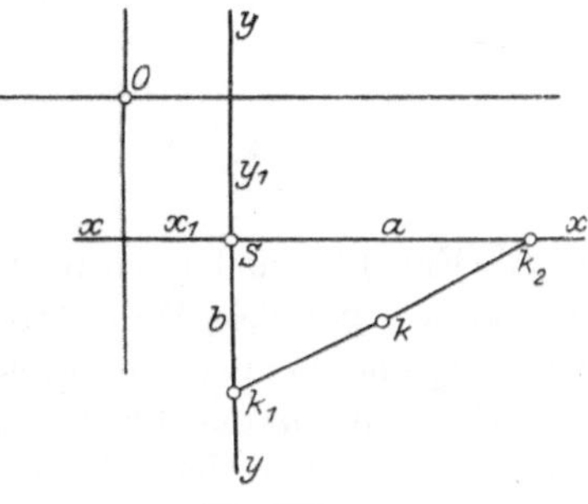

Fig. 124.

y- und a auf der x-Achse. Kennt man die Trägheitsradien i_x und i_y, so sind auch die zu den in den Achsen gelegenen Kraftangriffspunkten k_1 und k_2 zugehörenden Nullinien parallel der x- bzw. y-Achse bekannt:

$$b \, y_1 = i_x^2 \; ; \qquad a \, x_1 = i_y^2 \; .$$

Da sich beide Nullinien im Punkte O schneiden, die beiden Seitenkräfte in k_1 und k_2 also je in diesem Punkte eine Nullspannung erzeugen, so wird auch ihrer Mittelkraft in O eine Nullspannung entsprechen, d. h. es ist O ein Punkt der Nullinie zu dem Angriffspunkt k der Kraft N.

Obige Beziehungen gelten für jeden beliebigen Angriffspunkt der Kraft N auf der Linie $k_1 \, k_2$, da jede Kraft N innerhalb dieser Strecke in zwei Seitenkräfte in k_1 bzw. k_2 zerlegt werden kann, die Lage der Nullinie zum Schwerpunkt aber unabhängig ist von der Größe der sie bedingenden Normalkraft. Demgemäß verbleiben auch die beiden Nulllinien und ihr Schnittpunkt unverändert, wenn sich die Kraft N auf der Linie $k_1 k_2$ bewegt. Hierbei bilden sich Nullinien aus, die durch den Punkt O gehen, sich also bei Verschiebung der Kraft N auf $k_1 k_2$ um den Punkt O drehen. Hieraus folgt:

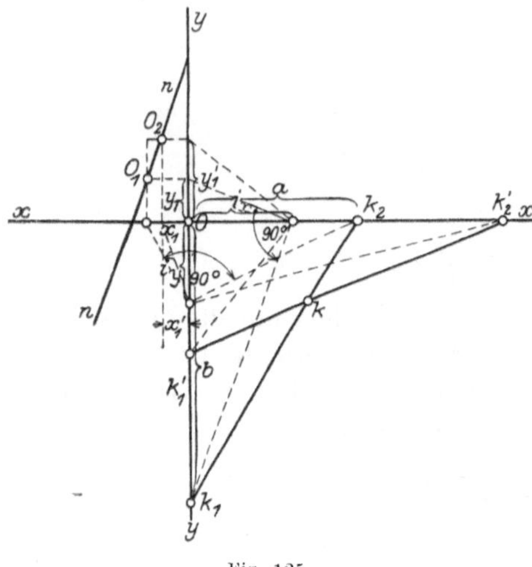

Fig. 125.

Verschiebt sich der Angriffspunkt der Kraft auf einer Geraden, so dreht sich die Nullinie um einen Punkt, und umgekehrt:

Dreht sich die Nulllinie um einen Punkt, so verschiebt sich der Angriffspunkt der Kraft auf einer Geraden.

Will man für einen bestimmten Kraftangriff k die Nullinie finden, so legt man durch diesen Punkt zwei verschiedene Geraden $k_1 k_2$ und $k_1' k_2'$ (Fig. 125) und bestimmt für beide Lagen, also für je 2 zusammengehörende parallele Teilkräfte von N je einen Punkt der Nullinie O_1 bzw. O_2 und somit diese selbst durch die beiden Punkte. Die entsprechende Konstruktion beruht auf der Auffindung der vierten Proportionalen, auf Grund der Gleichungen:

$$x_1 : i_y = i_y : f ,$$
$$y_1 : i_x = i_x : f' \,^1).$$

Der Kern des Querschnitts.

Schneidet die Nullinie den Querschnitt, so haben die Spannungen in den durch sie geschiedenen Querschnittsteilen verschiedene Vorzeichen. Je nachdem N eine Druckkraft oder Zugkraft ist, sind in der Querschnittszone, in der diese Kraft angreift, Druck- bzw. Zugspan-

---

[1]) Hierbei ist die Konstruktion vermittels des rechtwinkligen Dreiecks benutzt, bei dem das Quadrat der Höhe gleich dem Rechteck aus den beiden Hypotenusenabschnitten ist. Auf den Achsen sind die Trägheitshalbmesser i_x u. i_y aufgetragen und, je von den Angriffspunkten k_1 bzw. k_2 bzw. k_1' bzw. k_2' ausgehend, zu ihnen in derart rechtwinkelige Dreiecke konstruiert, daß i_x bzw. i_y (auf der x- bzw. y-Achse abgesetzt) in ihnen immer die Höhen auf der Hypotenuse bilden. Hierdurch sind die Werte $x_1 y_1$, $x_1' y_1'$ bestimmt und die Punkte O_1 und O_2 gefunden.

nungen vorhanden. Berührt die Nullinie den Querschnitt, so tritt in ihm eine einheitliche Spannung auf.

Denkt man sich (Fig. 126) an den Querschnitt alle möglichen, ihn berührenden Nullinien gelegt und zu ihnen allen je den Angriffspunkt der Kraft ermittelt, so liegen alle diese Angriffspunkte auf einer Figur, die sich um den Schwerpunkt des Querschnitts herumzieht und innerhalb des Querschnitts verbleibt, da keine der Nullinien den Querschnitt schneidet, also auch der jeweilig zugehörenden Kraftangriff nicht außerhalb des Querschnitts liegen kann. Den geometrischen Ort aller zu den berührenden Nullinien gehörenden Kraftangriffspunkte nennt man die Kernlinie des Querschnitts und den von ihr umschlossenen zentralen Querschnittsteil den **Kern** oder **Zentralkern des Querschnitts.** Bewegt sich also der Angriffspunkt der Kraft auf der Kernlinie, so berührt die zugehörende Nullinie den Querschnitt, und in letzterem herrscht eine einheitliche Spannung. Liegt der Kraftangriffspunkt innerhalb des Kerns, so entfernt sich die Nullinie vom Querschnitt und liegt gänzlich außerhalb dieses; demgemäß entspricht auch jedem Kraftangriffe innerhalb der Kernlinie, also im Kern, eine einheitliche Spannung im Querschnitt. Rückt jedoch der Angriffspunkt außerhalb des Kerns, so verschiebt sich die Nullinie aus ihrer berührenden Lage nach dem Innern

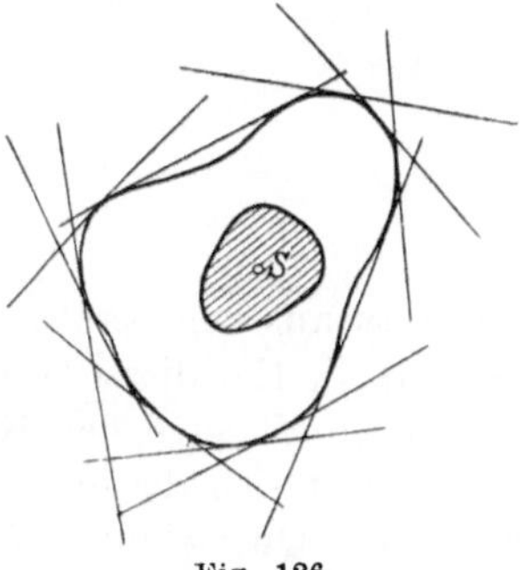

Fig. 126.

des Querschnitts, schneidet ihn und bedingt das Auftreten von verschiedenartigen (Zug- und Druck-) Spannungen im Querschnitt.

Der Kern gestattet demgemäß je nach der Lage des Angriffspunktes — auf seiner Begrenzung bzw. in ihm oder außerhalb der Kernlinie — die sofortige Entscheidung, ob die Spannung im Querschnitte einheitlich oder verschiedenartig ist, ob also die Nullinie den Querschnitt nicht schneidet oder in ihm eine Druck- und Zugzone abtrennt.

Hierbei ist — wie vorstehend bewiesen wurde — stets zu beachten, daß Angriffspunkt der Kraft und Nullinie auf verschiedenen Seiten des Schwerpunktes liegen.

Wird der Querschnitt von geraden Linien umgrenzt, so genügt es, dessen einzelne Seiten als berührende Nullinien zu betrachten und zu ihnen die Angriffspunkte der Normalkraft zu ermitteln. Geht hierbei die Nullinie von einer Begrenzungsseite in die andere über, so dreht sie sich um den Querschnittseckpunkt, an dem beide Seiten zusammenstoßen. Dieser Drehung der Nullinie entspricht nach dem auf S. 118 geführten Beweise eine geradlinige Bewegung des Angriffspunktes.

Demgemäß ist im vorliegenden Fall die Kernlinie aus einer geradlinigen Verbindung der zu den berührenden Nullinien gehörenden Angriffspunkte zu bilden und ein Vieleck von derselben Seitenzahl

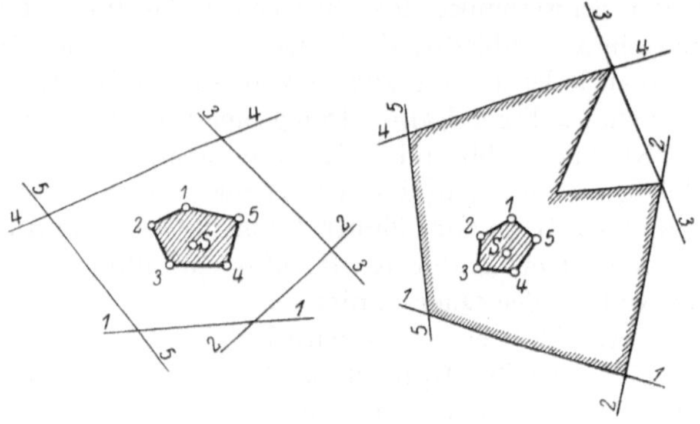

Fig. 127 a, b.

wie das aus den berührenden Nullinien am Umfange des Querschnitts gebildete. Hat dieser keine einspringende Ecke und ist er ein „n-Eck‘‘, so ist somit auch der Kern ein „n-Eck‘‘. Bei einspringenden Ecken verringert sich die Anzahl der Seiten des Kerns gegenüber der Seitenzahl des Querschnitts um deren Anzahl (vgl. Fig. 127a u. b).

Die rechnerische Bestimmung des Kerns der wichtigsten Querschnitte.

1. Das Rechteck. Zur Auffindung des Kerns läßt man die Nulllinie nacheinander mit den Seiten des Querschnitts zusammenfallen. Wird (Fig. 128) in diesem Sinne I I als Nullinie betrachtet, so ergibt sich für den Abstand des Angriffspunktes der Kraft von der yy-Achse die Gleichung:

$$ B S \cdot \frac{b}{2} = i_x^2 = \frac{J_x}{F} = \frac{a\,b^3}{12\,a\,b} = \frac{b^2}{12}\,, $$

$$ \boldsymbol{B S = \frac{b}{6}}\,. $$

In gleicher Weise wird für ein Zusammenfallen von Seite II II und Nullinie:

$$ C S \cdot \frac{a}{2} = i_y^2 = \frac{J_y}{F} = \frac{b\,a^3}{12\,a\,b} = \frac{a^2}{12}\,, $$

$$ \boldsymbol{S C = \frac{a}{6}}\,. $$

Hieraus ergibt sich die Form des Kerns im Rechteck als Parallelogramm, dessen Ecken auf den Hauptachsen liegen und welches das innere Drittel des Querschnitts einnimmt. Greift also innerhalb des letzteren Ausmaßes die Normalkraft im Querschnitte an, so liegt in diesem eine einheitliche Spannung vor. Diese Feststellung ist besonders wertvoll für auf Druck belastete gemauerte Körper (Stützmauern, Pfeiler, Gewölbe usw.), bei denen das Verbleiben der Mittelkraft im inneren Drittel das Auftreten von Zugspannungen an den Querschnittsrändern ausschließt.

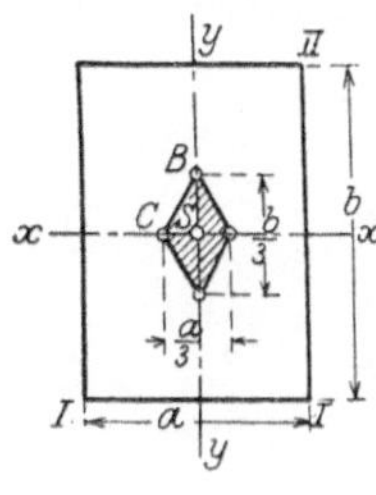
Fig. 128.

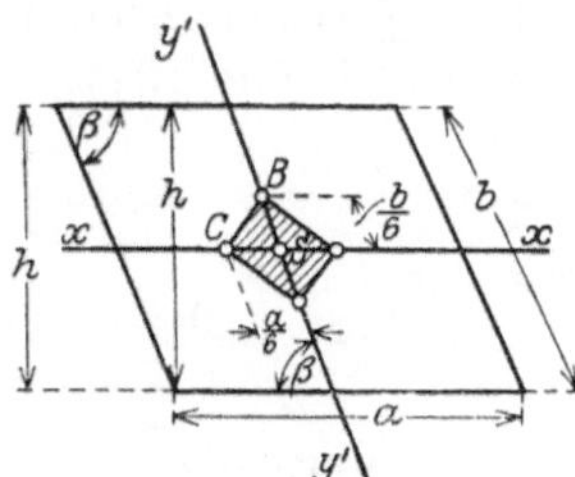
Fig. 129.

2. In gleicher Weise ergibt sich der Kern für das Parallelogramm (Fig. 129). Hierbei bezieht man den Querschnitt auf das schiefwinklige Koordinatensystem und rechnet auf dieses das Trägheitsmoment für die in Frage stehende Seite um. Läßt man die Nullinie mit a zusammenfallen, so kommt in Fig. 129 die wagerechte Schwerachse für die Bildung des Trägheitsmomentes in Frage; für diese ist bei senkrechten Achsen:

$$J_x = \frac{b\,h^3}{12}\,,$$

und da hier $h = b\sin\beta$ ist, so wird:

$$J_x = \frac{a\,b^3\sin^3\beta}{12}\,.$$

Da nun ferner nach Fig. 130: $y' = y\,\mathrm{cosec}\,\beta$ ist, so wird:

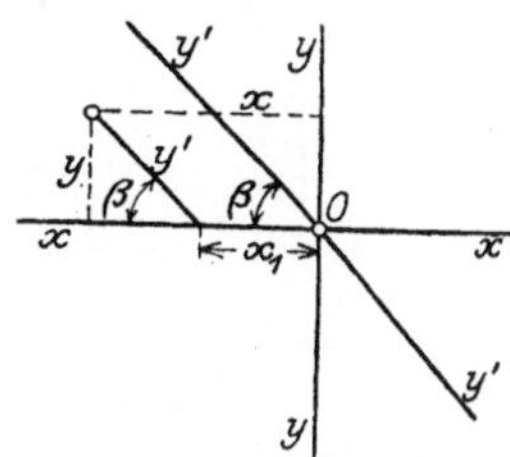
Fig. 130.

$$J'_x = \int y'^2\,dF = \mathrm{cosec}^2\beta \int y^2\,dF = \mathrm{cosec}^2\beta\,J_x\,.$$

Daraus ergibt sich das hier zu verwendende Trägheitsmoment:

$$J'_x = \mathrm{cosec}^2\beta \cdot \frac{a\,b^3\sin^3\beta}{12} = \frac{a\,b^3\sin\beta}{12}\,.$$

Da nun:

$$B S \cdot \frac{b}{2} = \frac{J'_x}{F} = i_x'^2$$

ist, so wird:

$$B\,S = \frac{2 \cdot a\,b^3 \sin\beta}{12\,b \cdot a\,b \sin\beta} = \frac{b}{6}\,,$$

und ebenso wird:

$$C\,S = \frac{a}{6}\,.$$

Die Kernfigur des Parallelogramms ist also der des Rechtecks durchaus entsprechend.

3. Für einen I-Querschnitt symmetrischer Art ergibt sich in der gleichen Weise (vgl. Fig. 131):

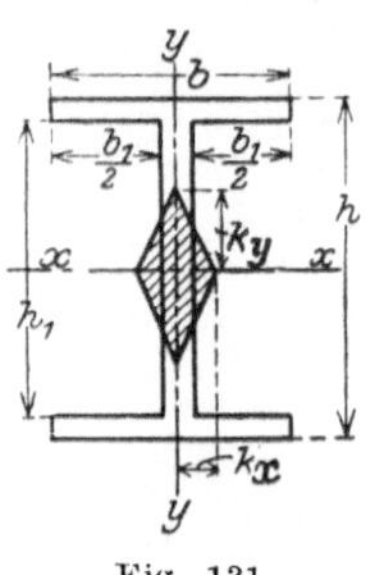

$$k_x = \frac{J_x}{F \cdot \tfrac{1}{2}\,h}\,,$$

$$k_y = \frac{J_y}{F \cdot \tfrac{1}{2}\,b}$$

worin:

$$J_x = \tfrac{1}{12}\,(b\,h^3 - b_1\,h_1^3)\,,$$
$$J_y = \tfrac{1}{12}\,[(h - h_1)\,b^3 + h_1\,(b - b_1)^3]\,,$$
$$F = b\,h - b_1\,h_1 \quad \text{ist.}$$

Fig. 131.

Auch hier ist die Kernfigur ein Parallelogramm, da nur 4 berührende Nullinien für den Querschnitt in Frage kommen.

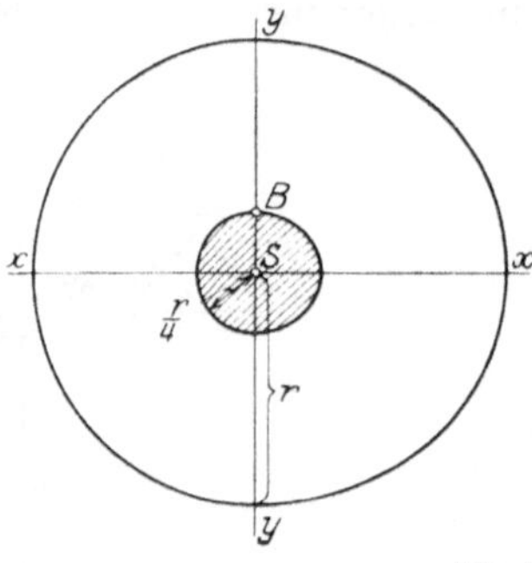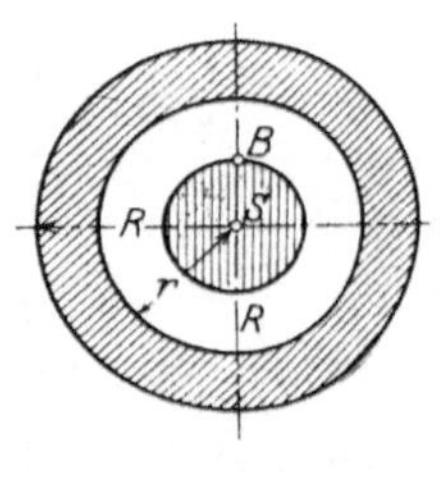

Fig. 132 a, b.

4. Für den Kreisquerschnitt ist:

$$B\,S \cdot r = i^2 = \frac{J}{F} = \frac{\dfrac{r^4\,\pi}{4}}{r^2\,\pi} = \frac{r^2}{4}\,,$$

$$B\,S = \frac{r}{4}\,,$$

d. h. der Kern ist ein Kreis mit einem Durchmesser gleich dem halben Radius (Fig. 132a).

5. Für den **Kreisringquerschnitt** (Fig. 132b) folgt:

$$B S \cdot R = i^2 = \frac{J}{F} = \frac{(R^4 - r^4) \frac{\pi}{4}}{(R^2 - r^2)\,\pi}\,,$$

$$B S = \frac{(R^2 + r^2)}{4\,R}\,.$$

Aus der Symmetrie des Kreisringes folgt auch hier, daß der Kern ein Kreis mit dem Halbmesser $B\,S$ ist.

6. Beim **Dreieck** werden die Eckpunkte des Kerns auf den Mittellinien des Dreiecks liegen, da einmal für die unendlich entfernte Nulllinie der Angriffspunkt der Kraft in den Schwerpunkt des Dreiecks fällt und zum anderen für eine bestimmte Lage der Nulllinie parallel zu einer Seite der Angriffspunkt in den gegenüberliegenden Dreieckspunkt fällt. Unter Benutzung der Bezeichnungen in Fig. 133 folgt:

$$B S \cdot \frac{a}{3} = i_1^2\,,$$

$$B S = \frac{3\,i_1^2}{a}\,;$$

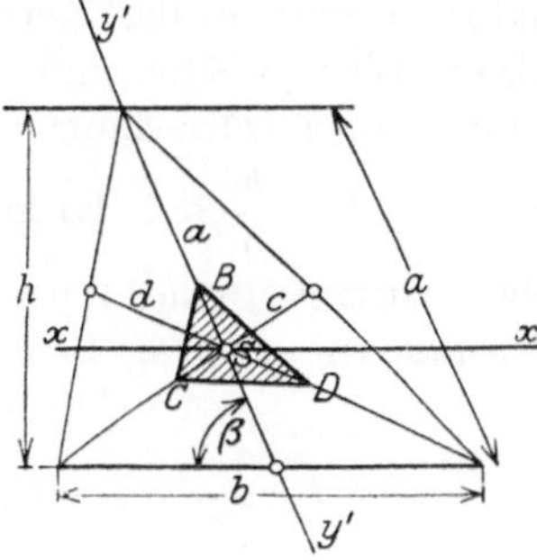

Fig. 133.

da:

$$i_1^2 = \frac{J_{1x}}{F} = \frac{\operatorname{cosec}^2 \beta\, J_x}{F} = \frac{\operatorname{cosec}^2 \beta\, \dfrac{b\,h^3}{36}}{\dfrac{b\,h}{2}} = \frac{\operatorname{cosec}^2 \beta\, b \cdot (a \sin \beta)^3}{18\,b\,a \sin \beta}$$

$$= \frac{b\,a^3}{18 \cdot b\,a} = \frac{a^2}{18}$$

ist, so wird:

$$B S = \frac{3 \cdot a^2}{18 \cdot a} = \frac{a}{6}\,.$$

In gleicher Weise werden die Abstände:

$$C S = \frac{c}{6}\,, \qquad D S = \frac{d}{6}$$

ermittelt, wenn c und d die zugehörenden Mittellinien sind. Der Kern des Dreiecks ist somit ein zum Querschnitte ähnliches Dreieck, dessen Ecken auf den Mittellinien liegen und von hier aus eine Entfernung gleich je einem Sechstel der betreffenden Mittellinie haben.

Die Berechnung und graphische Konstruktion der Randspannungen im Rechtecksquerschnitt.

Der wichtigste Querschnitt ist für Baukonstruktionen der Rechtecksquerschnitt. In ihm greife in einer der Hauptachsen und im Abstande
$= f$ vom Schwerpunkte entfernt, und zwar zunächst außerhalb des
Kerns (Fig. 134), eine Normaldruckkraft $= N$ an.

Die Randspannungen sind:

a) $$\sigma = -\frac{N}{F} \pm \frac{M}{W} = -\frac{N}{b \cdot h} \pm \frac{N \cdot f}{\frac{b h^2}{6}} = -\frac{N}{b h}\left(1 \pm \frac{6 f}{h}\right).$$

Man erkennt, daß — solange $\frac{6 f}{h} < 1$ ist, d. h. $f < \frac{h}{6}$, also die
Kraft innerhalb des Kerns angreift — die Klammer stets einen posi-
tiven Wert besitzt und somit eine einheitliche Druckspannung über
dem ganzen Querschnitt vorhanden ist, daß aber bei Überschreitung der
Grenze $f = \frac{h}{6}$ der Klammerausdruck negativ wird und sich somit
das Auftreten einer Zugrandspannung zu erkennen gibt. Die beiden
Randspannungen σ_1 bzw. σ_2 werden:

b) $$\sigma_1 = -\frac{N}{b h}\left(1 + \frac{6 f}{h}\right) = -\frac{N}{F}\left(1 + \frac{6 f}{h}\right),$$

c) $$\sigma_2 = -\frac{N}{b d}\left(1 - \frac{6 f}{h}\right) = -\frac{N}{F}\left(1 - \frac{6 f}{h}\right).$$

Für die Spannung eines beliebigen Querschnittspunktes im Abstande
von z von der senkrechten Haupt-Achse ergibt sich eine Spannung σ:

d) $$\sigma = -\frac{N}{b h} \pm \frac{M z}{J_y} = -\frac{N}{b h} \pm \frac{M \cdot z \cdot 12}{b h^3} = -\frac{N}{b h}\left(1 \pm \frac{12 z f}{h^2}\right).$$

Die Gleichung ist vom ersten Grade; demgemäß verläuft die Spannung
über den Querschnitt nach seiner geraden Linie. Für $z = 0$, d. h. den
Schwerpunkt, wird:

e) $$\sigma = \sigma_m = -\frac{N}{b h} = -\frac{N}{F},$$

während sich für: $z = \pm \frac{h}{2}$, d. h. die Querschnittsränder, die vorstehend angegebenen Randspannungen σ_1, σ_2 ergeben.

Die vorstehende Gleichung (b, c) gestattet eine sehr einfache graphische Darstellung (vgl. Fig. 134).

Im Schwerpunkte wird die mittlere Spannung: $\sigma_m = -\frac{N}{F}$

aufgetragen, alsdann durch ihren Endpunkt (s) und den vom Angriffspunkt der Kraft abgewandt liegenden Kernpunkt eine Gerade gezogen, die bis zum Schnitt mit der Angriffslinie von N (t in Fig. 134 b) verlängert wird. Zieht man alsdann $t\,r$ parallel zur Grundlinie $w\,v$ und alsdann die Gerade $r\,s\,z$, so stellt die schraffierte Figur das Spannungsdiagramm in dem hier betrachteten Querschnitte dar; n' ist ein Punkt der Nullinie, der diese somit im Grundrisse eindeutig bestimmt. Daß diese graphische Konstruktion mit der vorstehend abgeleiteten Gleichung übereinstimmt, erkennt man einmal darin, daß die Spannungsverteilung tatsächlich als Gerade durch die Punkte $r\,s$ festgelegt ist, daß ferner für sie die vorstehend berechnete Ordinate im

Schwerpunkte: $\sigma_m = -\dfrac{N}{F}$ innegehalten ist und

daß endlich auch eine jede Randspannung dem oben berechneten Werte entspricht. Es ergibt sich z. B. für die größte Druckrandspannung σ_1:

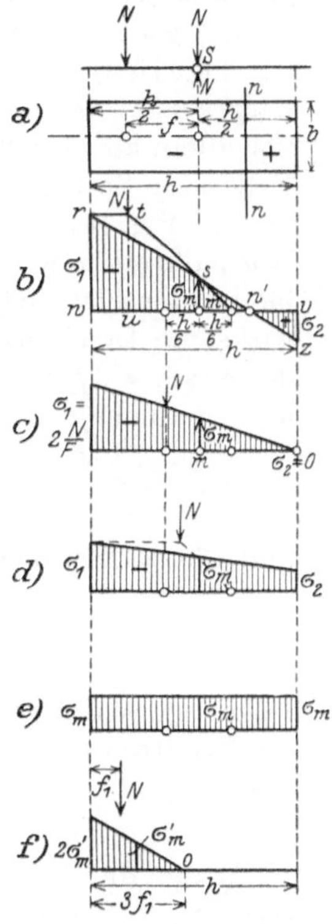

$$\sigma_1 = r\,w = t\,u\;;$$

$$t\,u \;:\; s\,m = t\,u \;:\; -\frac{N}{b\,h} = \left(f + \frac{h}{6}\right) : \frac{h}{6}\,,$$

d. h.

$$t\,u = -\frac{\dfrac{N}{b\,h}\left(f + \dfrac{h}{6}\right)}{\dfrac{h}{6}} = -\frac{N}{b\,h}\left(1 + \frac{6\,f}{h}\right) = \sigma_1\,,$$

Fig. 134.

wie vorstehend berechnet wurde. Hiermit ist die Richtigkeit des dargestellten Diagramms und Spannungsverlaufes bewiesen.. Rückt die Kraft in den einen Kernpunkt, so wird in der vorstehenden Gleichung:

$$f = \frac{h}{6}$$

und somit:

$$\sigma_1 = -\frac{N}{b\,h}\left(1 + \frac{6 \cdot \dfrac{h}{6}}{h}\right) = -2\,\frac{N}{b\,h}\,,$$

$$\sigma_2 = -\frac{N}{b\,h}\,(1 - 1) = 0 \quad \text{(vgl. Fig. 134c)}.$$

Das gibt sich naturgemäß auch im Diagramm zu erkennen. Gelangt die **Kraft** innerhalb des Kerns, so treten an beiden Rändern nur Druckspannungen auf (vgl. das Diagramm Fig. 134 d), und gelangt die Kraft endlich in den Schwerpunkt selbst, so verteilt sie sich vollkommen gleichmäßig über ihn hinweg.

Liegt bei außerhalb des Kerns angreifender Normalkraft ein Querschnitt vor, der nur Druck, aber keinen Zug aufzunehmen vermag, wie es z. B. bei manchem Mauerwerk, vor allem aber bei der **Erdfuge** der Fall ist, so kann hier im äußersten Falle eine Spannung $= 0$ eintreten, d. h. das Spannungsdiagramm nur die in Fig. 134 c bzw. 134 f dargestellte Form erhalten. Da hier die Normalkraft im Kernpunkt, d. h. im Drittelpunkt der allein wirksam verbleibenden Fuge angreift, so wird in dem hier vorliegenden Falle die wirksame Druckzone auch nur das Dreifache der Außenexzentrizität der Kraft $= 3 f_1$ (Fig. 134 f) sein können. Demgemäß wird hier die mittlere Spannung:

$$\sigma_m = - \frac{N}{3 f_1 b}$$

und die Randspannung:

$$\sigma_1 = - \frac{2}{3} \frac{N}{f_1 b} .$$

Ist b in allen obigen Darlegungen $= 1{,}00$ m Tiefe, erstrecken sich also die Ermittlungen auf die Einheitstiefe, so wird b überall $= 1$ zu setzen sein.

Liegt der Angriffspunkt der Kraft nicht in einer Schwer-(Haupt-) Achse, ist aber der Kern des Querschnittes bekannt, so kann dieser zu einer sehr übersichtlichen und schnell zu bewirkenden Auffindung der Randspannungen Benutzung finden.

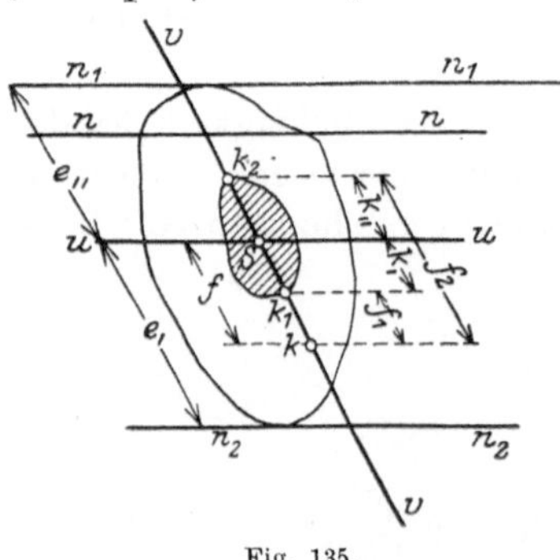

Fig. 135.

Greift (Fig. 135) die Normalkraft in dem beliebigen Querschnittspunkt k an, so legt man durch ihn und den Schwerpunkt eine Gerade, welche auf der Kernlinie die beiden Kernpunkte k_1 und k_2 bestimmt. Unter der Annahme, daß $n\,n$ die dem Kraftangriffe entsprechende Nullinie ist, wählt man die zweite Achse parallel zu $n\,n$ durch S und **erhält** hiermit die Abstände der äußersten Faserpunkte e, bzw. $e_{,,}$ in bezug auf diese Achse. Für eine Querschnittsgröße $= F$ werden alsdann die Randspannungen:

$$\sigma_1 = \frac{N}{F} + \frac{N f e_{,}}{J'_n} ,$$

$$\sigma_2 = \frac{N}{F} - \frac{N f e_{,,}}{J'_n} .$$

Da der Kernpunkt k_2 der Angriffspunkt zur Lage der Nullinie $n_{2\,2}$ und ebenso k_1 der zu $n_1 n_1$ ist, so folgt:

$$k_{,,} = \frac{J'_n}{F e_{,}} ; \qquad k_{,} = \frac{J'_n}{F e_{,,}} ,$$

d. h.

$$\frac{J'_n}{e_{,}} = k_{,,} F ; \qquad \frac{J'_n}{e_{,,}} = k_{,} F .$$

Hiermit werden die Randspannungen:

$$\sigma_1 = \frac{N}{F} + \frac{N f}{k_{,,} F} = \frac{N}{F}\left(1 + \frac{f}{k_{,,}}\right) = \frac{N}{F}\left(\frac{k_{,,} + f}{k_{,,}}\right) = \frac{N}{F}\,\frac{f_2}{k_{,,}} = \sigma_m \frac{f_2}{k_{,,}}$$

und:

$$\sigma_2 = \frac{N}{F} - \frac{N f}{k_{,} F} = \frac{N}{F}\left(1 - \frac{f}{k_{,}}\right) = \frac{N}{F}\left(\frac{k_{,} - f}{k_{,}}\right) = \frac{N}{F}\,\frac{f_1}{k_{,}} = \sigma_m \frac{f_1}{k_{,}} .$$

Hierbei sind f_1 und f_2 die Abstände der Kernpunkte k_1 bzw. k_2 von dem Angriffspunkte der Kraft k.

Ist der Kern des Querschnitts bekannt, so sind mithin, da alsdann auch die Größen f_1, f_2, $k_{,}$, $k_{,,}$ gegeben sind, die Randspannungen mit Hilfe des ebenfalls bekannten σ_m-Wertes zu finden, und zwar ohne daß man notwendig hat, die Nullinie zu ermitteln, deren Richtung also für die vorliegende Berechnung ohne Bedeutung ist. Neben der rechnerischen Auffindung der Werte σ_1 und σ_2 kann auch der aus Fig. 136 ersichtliche **graphische**

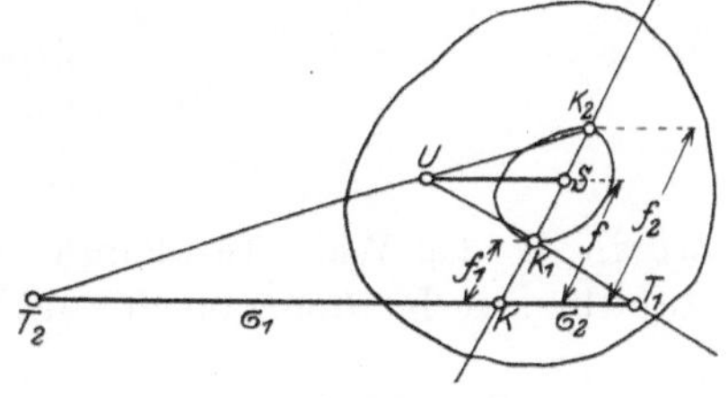

Fig. 136.

Weg schnell zum Ziele führen. Man zieht durch k die Gerade kS, bestimmt k_1 und k_2, legt durch S eine beliebig gerichtete Achse $(S\,U)$, trägt auf ihr den Wert der mittleren Spannung:

$$\sigma_m = \frac{N}{F} = S\,U$$

auf und zieht die Geraden $k_2\,U$ und $U\,k_1$, die auf einer durch k zu $U\,S$ gezogenen Parallelen die Punkte T_2 und T_1 abschneiden. Alsdann ist $k\,T_2 = \sigma_1$ und $k\,T_1 = \sigma_2$. Denn:

$$k\,T_2 \,:\, U\,S = f_2 : k_2\,S = f_2 : k_{,,}\,,$$

$$k\,T_2 = \frac{N}{F}\,\frac{f_2}{k_{,,}} = \sigma_1$$

und:

$$k\,T_1 \,:\, U\,S = k\,k_1 : k_1\,S = f_1 : k_{,}\,,$$

$$k\,T_1 = \frac{N}{F}\,\frac{f_1}{k_{,}} = \sigma_2\,,$$

w. z. b. w.

Wird das Moment der äußeren Kräfte auf die Kernpunkte bezogen, ist also:

$$N\,f_2 \text{ bzw. } N\,f_1 = M_{k_2} \text{ bzw. } = M_{k_1}$$

bekannt, so werden die Randspannungen am besten auf rechnerischem Wege aus den Beziehungen bestimmt:

$$\sigma_1 = \frac{M_{k_2}}{F\,k_{,,}}\;; \quad \sigma_2 = \frac{M_{k_1}}{F\,k_{,}}\,.$$

Hierbei sind die Werte $k_{,,}$ und $k_{,}$ die Abstände der Kernpunkte, getroffen von der Schnittlinie zwischen der durch den Schwerpunkt gelegten Kraftebene und dem Querschnitte. Bei Belastung eines Rechteckquerschnitts in seiner senkrechten Achse sind also z. B.:

$$k_{,} = k_{,,} = \frac{h}{6}$$

und da hier $F = b\,h$, so wird:

$$\sigma_1 = \frac{M_{k_2}}{\dfrac{b\,h^2}{6}} = \frac{M_{k_2}}{W} = \sigma_2\,,$$

worin W das Widerstandsmoment des Querschnitts angibt, bezogen auf die zur Kraftebenen-Schnittlinie zugehörende Achse.

Der Querschnitt vermag nur Druck aufzunehmen, seine Zugwirkungsfläche ist unwirksam.

Zunächst sei wiederum vorausgesetzt, daß die Kraftebene den Querschnitt in einer Schwer- (Haupt-) Achse schneidet und dieser zu ihr symmetrisch ist. Denkt man sich (Fig. 137) den Angriffspunkt der Normalkraft in k, innerhalb der x-Achse, so wird zunächst die Nullinie senkrecht zur x-Achse verlaufen. Betrachtet man ein beliebiges Flächenteilchen df, das von der Null-Achse den Abstand x haben möge, so wird dessen Spannung als alleinige Abhängigkeit von diesem Abstande, d. h. in der Form: $\sigma = a\,x$, ausgedrückt werden können, wobei a eine Konstante ist, die allen df-Teilchen eigen ist, die im Abstande von x zur nn-Achse, also auf einer Parallelen zu ihr liegen. Aus dem Gleichgewichte der äußeren Kraft mit den inneren Querschnittsspannkräften folgt:

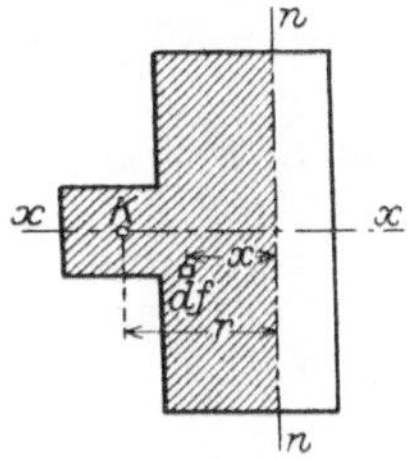

$$N = \sum \sigma\,df = \sum a\,x\,df = a \sum x\,df\,,$$

und ebenso aus der Gleichheit der Momente der äußeren Kraft und der inneren Kräfte, bezogen auf die Nullinie:

$$N \cdot r = \sum \sigma\,df\,x = \sum a\,x\,df\,x = a \sum x^2\,df\,.$$

Fig. 137.

Hieraus ergibt sich der Abstand der Nullinie von dem Angriffspunkte (k) der Normalkraft:

$$r = \frac{\sum x^2\,df}{\sum x\,df} = \frac{J_n}{S_n}$$

= dem Quotienten aus dem Trägheitsmoment der wirksamen Fläche und dem statischen Moment dieser, beide bezogen auf die Nullinie. Die **Auffindung der Nullinie** auf Grund dieser Beziehung wird am besten auf **graphischem Wege** bewirkt. Hierzu sei an die graphische Darstellung eines Momentes und eines Trägheitsmomentes (vgl. S. 19 bis 21 u. 23) erinnert, die beide auf der Verwendung von Kraft- und Seileck sich aufbauen.

Der Gang der graphischen Ermittlung sei an dem Beispiele in Fig. 138 gezeigt. k sei, wie stets, der Angriffspunkt von N und liege in der x-Achse, d. h. in der wagerechten Schwer- und Symmetrieachse des nur nach dieser symmetrischen Querschnittes. Unter Annahme eines bestimmten Flächenmaßstabes wird alsdann der Querschnitt in eine Anzahl kleiner Flächenstreifen zerteilt, parallel zur y-Achse, und ihr Inhalt als Gewicht aufgefaßt. Zeichnet man alsdann zu diesen Kräften mit einem beliebigen Polabstande das Kraft- und Seileck, so stellt, wenn $n\,n$ in Fig. 138 die gesuchte Nullinie ist, die Fläche (F_0), begrenzt durch den ersten Seileckstrahl, das Seileck und die Gerade $v\,w$ die zur Auffindung des Trägheitsmomentes des wirksamen Flächenteils, bezogen auf $n\,n$, erforderliche Fläche dar:

$$J_n = 2\,F_0\,H\,.$$

In gleicher Weise ist $S_n = l\,H$, wobei l der Teil der $n\,n$-Linie ist, der von den äußersten Seileckstrahlen abgeschnitten wird.

Da:

$$r = \frac{J_n}{S_n}$$

sein soll, so ist im vorliegenden Fall:

$$r = \frac{2\,F_0\,H}{l\,H} = \frac{2\,F_0}{l}$$

oder:

$$F_0 = \frac{l\,r}{2},$$

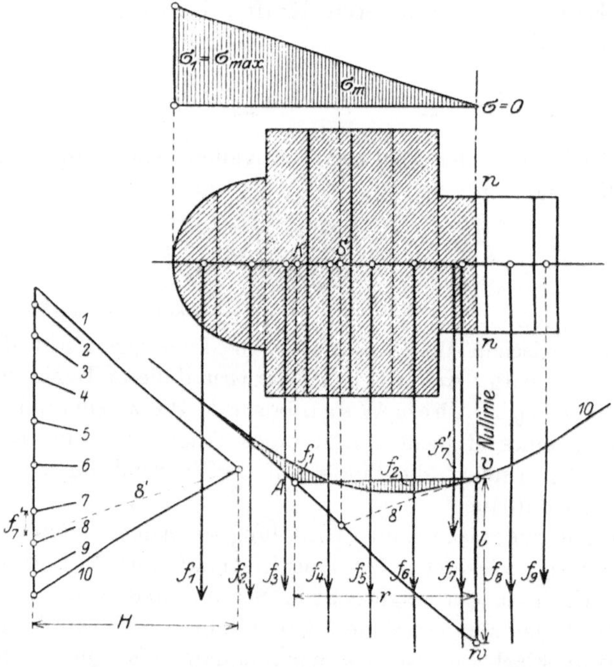

Fig. 138.

d. h. die Nullinie $n\,n$ liegt vom Angriffspunkt der Normalkraft so weit ab, daß ein Dreieck entsteht, $A\,v\,w = F_0$. Dieses Dreieck kann man aus F_0 in der Art gewinnen, daß eine durch A — senkrecht unter k gelegen — gezogene Gerade in Fig. 138 zwei Flächen unter- bzw. oberhalb des Seilecks abschneidet, die unter sich inhaltsgleich sind.

Sind — durch Probieren zu lösen — in diesem Sinne die beiden Flächenteilchen f_1 und f_2 einander gleich gemacht, dann ist v ein Punkt

der Nullinie und somit diese auch im Querschnitte bestimmt. Hierbei
wird zugleich der unwirksame Teil des Querschnitts von dem unter
Druck stehenden abgetrennt. Die größte Randdruckspannung findet
man am besten graphisch, indem man für den wirksamen Querschnittsteil (F_n) unter Verwendung des bereits gezeichneten, nur in der Nähe
der Nullinie wegen der hier in der Regel veränderten Kräfte ein wenig
abzuändernden Seilecks den (neuen) Schwerpunkt der Druckfläche be-
stimmt, für ihn die mittlere Spannung $\sigma_m = \dfrac{N}{F_n}$ berechnet und mit dieser
mit Hilfe der Spannung $= 0$ in der Nullinie das geradlinig verlaufende
Spannungsdiagramm aufzeichnet und somit σ_{max} bestimmt.

Will man die Randspannung rechnerisch ermitteln, so dienen hierfür die
vorstehend gefundenen Beziehungen:

$$\sigma = a \cdot x;$$

$$N = a \sum x \, df; \qquad a = \frac{N}{\sum x \, df} = \frac{N}{S_n}$$

und somit:

$$\sigma = \frac{N \cdot x}{S_n},$$

bzw. für die am weitesten von der Nullinie
(um z) entfernte Randfaser:

$$\sigma_{max} = \frac{N \cdot z}{S_n}.$$

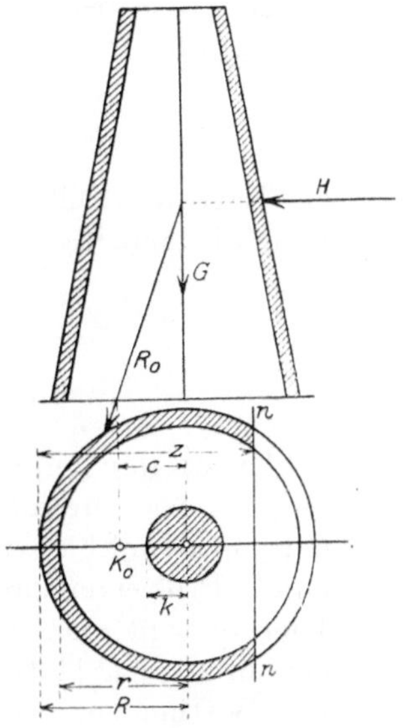

Fig. 139.

Hierbei kann naturgemäß S_n aus der Beziehung:
$S_n = l \cdot H$ entnommen werden.

Aufgaben, wie die vorliegende, sind u. a. bei
der Berechnung hoher, dem Winddrucke und
dem Eigengewicht ausgesetzter **Schornsteine**
mit Ringquerschnitt zu lösen. Hier wird in der Regel darauf Wert zu
legen sein, daß die innere Kreislinie ganz oder doch zum größten Teile
innerhalb der wirksamen Querschnittsfläche liegt (Fig. 139).

Der Winddruck (H) wird zweckmäßig wagerecht eingeführt. Er kann
für 1 Höhenmeter des Schornsteins mit $190 \, r \cdot$ kg angenommen werden,
worin r den äußeren Halbmesser darstellt. Da der Schornstein nach oben
zu sich im äußeren Umfange (und der Stärke) verringert, so empfiehlt es
sich, die H-Kräfte für mittlere Außendurchmesser in bestimmten Höhen-
abschnitten (von 5—10 m) zu berechnen und die einzelnen H-Kräfte
zu einer Mittelkraft H zusammenzusetzen, die ihrerseits mit dem
Gesamtgewichte des Schornsteins zur Endmittelkraft zu vereinigen ist.
Liegt der Angriffspunkt dieser innerhalb des Kerns, so treten nur Druck-

spannungen auf und alsdann ist die größte Randspannung zu bemessen nach:

$$\sigma = -\left(\frac{G}{F} + \frac{M}{W}\right) = -\left(\frac{G}{F} + \frac{H \cdot h}{W}\right) = -\left(\frac{G}{F} + \frac{G \cdot c}{W}\right)$$

$$= -\frac{G}{F}\left(1 + \frac{F \cdot c}{W}\right) = -\frac{G}{F}\left(1 + \frac{c}{k}\right)[1],$$

worin: $k = \dfrac{W}{F}$ den Kernhalbmesser bedeutet[2].

Liegt — wie dies meist der Fall sein wird — der Angriffspunkt der Kraft (k_0) außerhalb des Kerns, wie auch in Fig. 139 vorausgesetzt, so ist genau in der vorstehend erörterten Weise vorzugehen, der Ringquerschnitt in Streifen zu zerteilen und mit Hilfe der Beziehung:

$$r = \frac{J_n}{S_n}$$

die Lage der Nullinie zu bestimmen. Die größte Randdruckspannung wird alsdann, da hier $N = G$ ist:

$$\sigma_1 = \sigma_{\max} = -\frac{G \cdot z}{S_n} . [3]$$

Liegt der Angriffspunkt der Kraft nicht in einer Achse, sondern an beliebiger Stelle im Querschnitt, so wird man bei den im Hochbau vorliegenden Aufgaben am besten mit Hilfe eines Probierverfahrens die Randspannungen zu ermitteln suchen. Hierbei wird zunächst schätzungsweise die Richtung der Nullinie angenommen und alsdann das vorstehend dargelegte graphische Verfahren zur Bestimmung der Lage der Nullinie im Querschnitte angewendet. Ist die Nullinie gefunden, so liegt eine Kontrolle für die mehr oder weniger richtige Lösung darin, daß jetzt die Summe der inneren Spannkräfte gleich der äußeren Normalkraft N sein und zudem durch den Angriffspunkt von N gehen muß. Aus dem für die gefundene Lage der Nullinie ermittelten Spannungsdiagramm entnimmt man zu diesem Zwecke die mittleren, zu den einzelnen Flächenstreifen gehörenden

---

[1]) Hierin ist h der Abstand des Angriffs-Punktes der Mittelkraft H über dem Gelände, also oberhalb des untersuchten Querschnittes.

[2]) Es ist:

$$k \cdot R = i^2 = \frac{J}{F} ; \qquad k = \frac{J}{R \cdot F} = \frac{W}{F} ,$$

da R den äußersten Faserabstand darstellt.

[3]) Über die Berechnung der Werte S_n und J_n bei ringförmigem Querschnitte vgl. u. a. Müller-Breslau, Graphische Statik, Bd. I, fünfte Auflage 1912, S. 95 ff.

Spannungen und bildet aus ihnen und den zugehörenden Flächenelementen die inneren Spannkräfte, die dann zu Mittelkräften nach zwei verschiedenen Richtungen zusammengesetzt werden müssen, um den Angriffspunkt der Mittelkraft der inneren Spannkräfte zu erhalten.

Eine probeweise Untersuchung in obigem Sinne ist in Fig. 140 dargestellt [1]).

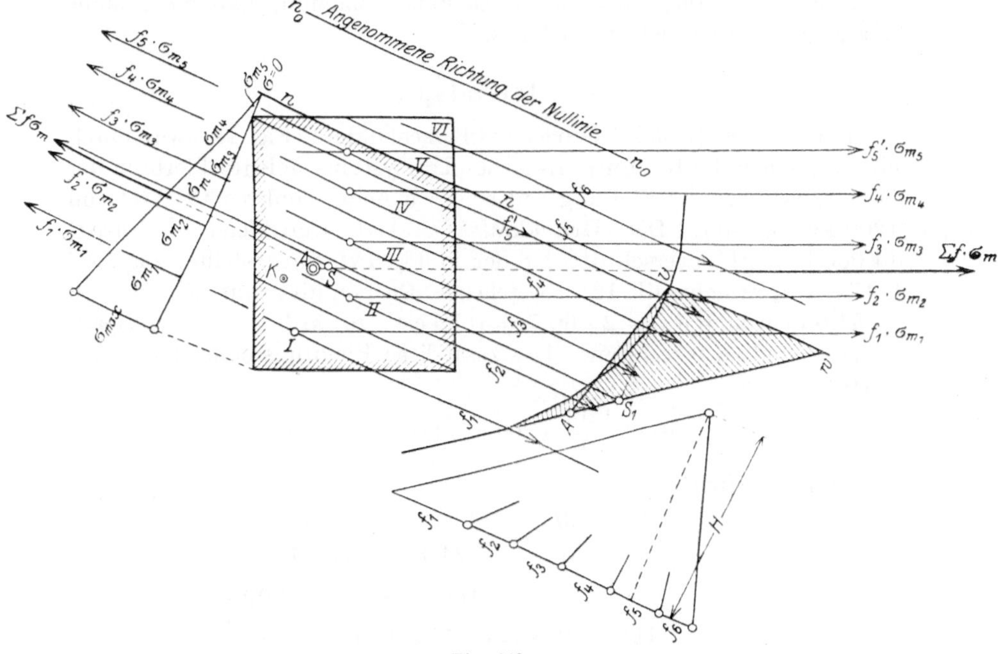

Fig. 140.

---

[1]) In Fig. 140 ist ein Rechtecksquerschnitt der Untersuchung zugrunde gelegt. Der Angriffspunkt der Kraft ist k. Die Richtung der Nullinie wird angenommen $n_0 n_0$ und ihr entsprechend die Fläche in 6 Teile (I—VI) geteilt, in deren Schwerpunkten je die Flächenkräfte f_1 bis f_6 angreifen. Zu ihnen ist mit Hilfe des Kraftecks (mit H) ein Seileck gezeichnet und in ihm unter Zuhilfenahme des Punktes A (entsprechend k) die Flächenausgleichung (wie in Fig. 138) vorgenommen und durch sie der Punkt v der Nullinie und somit diese $= n\,n$ im Querschnitte bestimmt. Des weiteren wird die Schwerachse $S\,S_1$ des nunmehr nur noch wirksamen Flächenteils (F_n) ermittelt und das Spannungsdiagramm gezeichnet $\left(\text{aus } \sigma = 0 \text{ und } \sigma_m = \dfrac{N}{F_n}\right)$. In ihm werden

Sind erhebliche Unterschiede zwischen beiden Angriffspunkten vorhanden, so ist die **Richtung** der Nullinie anders zu wählen und das Verfahren bis zu einem angenäherten Zusammentreffen der Angriffspunkte zu wiederholen. Meist wird eine zweifache bis dreifache Wiederholung schon zu einem guten Endergebnisse führen. Hierbei kann man bei einem Rechtecksquerschnitt und dem Angriffspunkte der Normalkraft auf einer Diagonale davon Gebrauch machen, daß die Nullinie der anderen Diagonale parallel ist.

Zahlenbeispiele.

1. Der Ober- (Druck-) Gurt eines Balkenbinders (Fig. 141) wird durch eine zwischen die Knotenpunkte des Tragsystems gelegte Pfette in der Mitte zusätzlich auf Biegung mit einer zur Achse senkrechten Last von 1200 kg belastet. Die Druckkraft — axial angreifend — beträgt 14 000 kg. Als Querschnitt ist der in Fig. 141 dargestellte, aus zwei ⊏-Eisen (Normalprofil 12) bestehende Querschnitt mit $F = 2 \cdot 17{,}0 = 34{,}0$ qcm und $W_x = 2 \cdot 60{,}7 = 121{,}4\ \mathrm{cm}^3$ gewählt. Die Randspannungen sind zu berechnen. Das zusätzliche Biegungsmoment in Stabmitte beträgt:

$$M = \frac{1200}{2} \cdot 200 = 120\,000 \ \mathrm{kg} \cdot \mathrm{cm}.$$

Demgemäß wird:

$$\sigma_1 = -\frac{N}{F} - \frac{M}{W} = -\frac{14\,000}{34{,}0} - \frac{120\,000}{121{,}4}$$

$$= -411 - 988 = -1399 \ \mathrm{kg/qcm}.$$

$$\sigma_2 = -411 + 988 = +577 \ \mathrm{kg/qcm}.$$

Die Beanspruchung σ_1 ist eine hohe, bleibt aber immerhin noch innerhalb der Proportionalitätsgrenze.

2. Auf der in Fig. 142 dargestellten gußeisernen Säule mit ringförmigem Querschnitte ruhen zwei ⊥-Träger auf, die bald mit 18 t, bald nur mit 12 t belastet werden. Die Spannungen im Säulenquerschnitt sind bei stärkster Exzentrizität des Kraftangriffes, also bei einseitiger Totalbelastung des einen Trägers und geringster Belastung des ande-

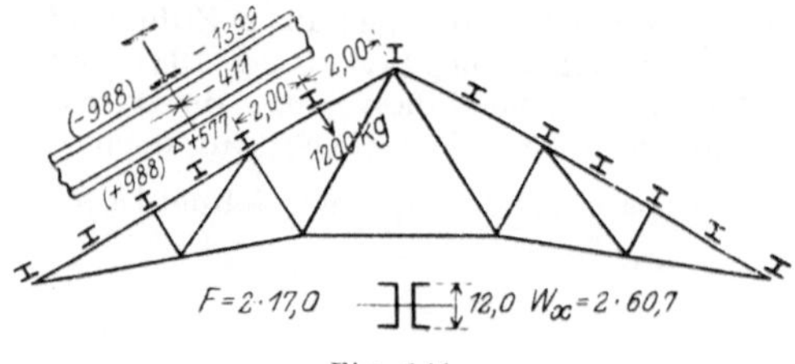

Fig. 141.

ren, zu berechnen. Der Querschnitt hat einen äußeren Durchmesser von 20 cm, einen inneren von 16 cm, und demgemäß ein $F = 113$ qcm und ein Widerstandsmoment $W = 463$ cm³. Die Exzentrizität berechnet sich aus der Bedingung:

$$(P_1 + P_2) \cdot f = 30 \cdot f = P_1\, 0{,}15 - P_2\, 0{,}15 = (18{,}0 - 12{,}0) \cdot 0{,}15,$$

also aus einer, auf die Säulenachse bezogenen Momentengleichung.

$$f = \frac{6{,}0 \cdot 0{,}15}{30} = 0{,}03\ \text{m} = 3\ \text{cm}.$$

Demgemäß wird:

$$M = 3 \cdot 30\,000 = 90\,000\ \text{kg} \cdot \text{cm}$$

und

$$\sigma = -\frac{N}{F} \pm \frac{M}{W} = -\frac{30\,000}{113} \pm \frac{90\,000}{463},$$

$$\sigma_1 = -266 - 194 = -460\ \text{kg/qcm},$$

$$\sigma_2 = -266 + 194 = -72\ \text{kg/qcm}.$$

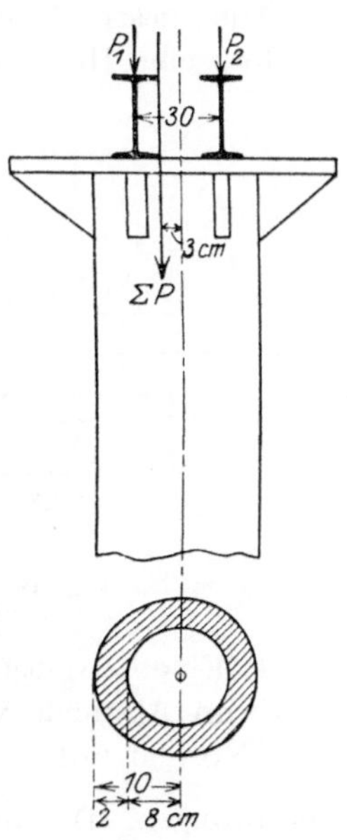

Fig. 142.

Die Säule wird also in allen ihren Querschnittsteilen auch bei der exzentrischen Belastung gedrückt. Die hierbei auftretenden Spannungen sind als erlaubt zu bezeichnen. Bei totaler Belastung $P_1 = P_2 = 18$ t wird die alsdann über den Querschnitt sich gleichmäßig verteilende Druckspannung:

$$\sigma = \frac{2 \cdot 18\,000}{113} = -320\ \text{kg/qcm}.$$

3. Der Kern des Mauerquerschnitts in Fig. 143 ist unter der Voraussetzung, daß die seitlichen Vorsprünge um je 1 m heraustreten, zu bestimmen.

Aus den Abmessungen der Figur folgt:

$$F = (3 \cdot 3 - 2 \cdot 1 \cdot 1)\ \text{qm} = 7\ \text{qm} = 70\,000\ \text{qcm},$$

$$J_x = \frac{3{,}0 \cdot 3{,}0^3}{12} - 2 \cdot \frac{1{,}0 \cdot 1{,}0^3}{12} = \tfrac{1}{12}(3 \cdot 27 - 2 \cdot 1) = 6{,}5833\ \text{m}^3,$$

$$J_y = 2 \cdot \frac{1{,}0 \cdot 3{,}0^3}{12} + \frac{1{,}0 \cdot 1{,}0^3}{12} = \tfrac{1}{12}(2 \cdot 27 + 1) = 4{,}5833\ \text{m}^3.$$

Demgemäß wird:

$$k_1 \cdot \frac{3{,}0}{2} = \frac{J_x}{F} = i_x^2 = \frac{6{,}5833}{7{,}0},$$

$$k_1 = \frac{6{,}5833}{7{,}0 \cdot 1{,}5} = 0{,}626\ \text{m},$$

$$k_2 \cdot \frac{3,0}{2} = \frac{J_y}{F} = i_y^2 = \frac{4,5833}{7,0} ,$$

$$k_2 = \frac{4,5833}{7,0 \cdot 1,5} = 0,445 \text{ m}.$$

Aus diesen Maßen ist der in Fig. 143 dargestellte Kern bestimmt. Er hat eine Höhe von 1,252 m und eine Breite von 0,89 m.

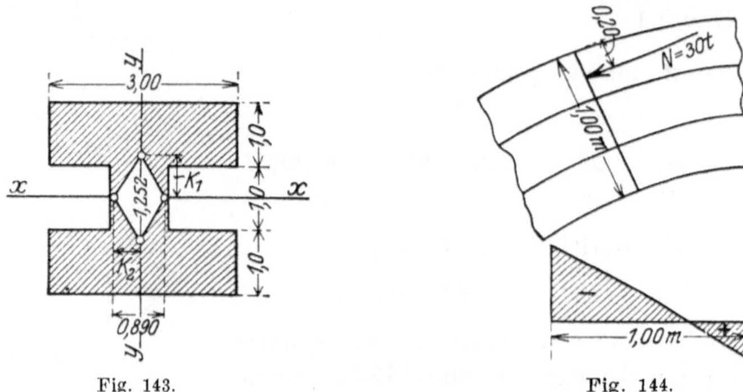

Fig. 143.   Fig. 144.

4. Eine Gewölbefuge (Fig. 144) von 1,00 m Stärke und 1,00 m Tiefe wird im Abstande von dem oberen Gewölberande von 0,20 m durch eine Normalkraft von 30 t exzentrisch belastet. Gesucht sind die Randspannungen. Da hier die Kernweite $\frac{1,0}{3} = 0,33$ m beträgt, der Kern also um je 16,5 cm von der Mittellinie absteht, die Normalkraft aber von hier aus den Abstand von $50 - 20 = 30$ cm hat, so liegt sie außerhalb des Kerns, und es sind somit verschiedene Spannungen, am oberen Rande — also nahe der Druckkraft — die größten Druckspannungen, am unteren Gewölberande der Höchstwert der Zugspannungen zu erwarten.

Es ist:

$$F = 1,00 \text{ qm} ; \qquad W = \frac{1^3}{6} = \frac{1}{6} = 0,1666 \text{ m}^3,$$

$$M = 30 \cdot 0,30 = 9 \text{ t} \cdot \text{m},$$

und somit ergibt sich:

$$\sigma = -\frac{N}{F} \pm \frac{M}{W} = -\frac{30}{1} \pm \frac{9}{0,1666} = -30 - 54 = -84$$

$$\text{bzw.} = +24 \text{ t/qm}[1]).$$

---

[1]) 24 t/qm entsprechen 24 000 kg/qm und $\dfrac{24\,000}{100 \cdot 100} = 2,4$ kg/qcm.

Demgemäß sind die Randspannungen:

$$\sigma_1 = -8,4 \text{ kg/qcm},$$

$$\sigma_2 = +2,4 \text{ kg/qcm}.$$

5. Der in Fig. 145 dargestellte Mauerpfeiler setzt sich mit einer Grundfläche von $6,00 \cdot 2,00$ m auf einen guten, tragfähigen Baugrund auf, der bis zu 4 kg/qcm beansprucht werden darf. Auf die letzte Mauerfuge und ebenso auf die Erdfuge wirkt eine schräg gerichtete Kraft $R = 155$ t ein, die in zwei Seitenkräfte, eine senkrechte $N = 150$ t und eine wagerechte $H = 37,5$ t zerlegt wird. Es ist zu untersuchen, ob der Pfeiler gegen Verschieben ausreichend gesichert ist und keine zu hohen Belastungen im Mauerwerk und auf dem Baugrunde auftreten. Da die Reibungszahl zwischen Erde und Mauerwerk unter ungünstigen Verhältnissen rd. 0,40 ist, so wird hier eine Reibungskraft auftreten $= 0,4 \cdot N = 0,4 \cdot 150 = 60$ t, also $> H > 37,5$ t, so daß eine Verschiebung des Pfeilers durch die horizontale Seitenkraft der Gesamtmittelkraft nicht zu befürchten steht.

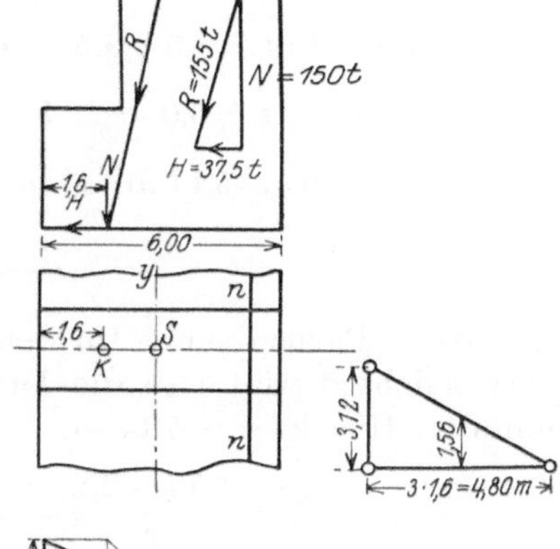

Fig. 145.

Die Kraft N greift von der Pfeileraußenkante um 1,60 m entfernt an, liegt also, da die Fuge 6,00 m breit ist, nicht mehr im Kern, d. h. nicht im inneren Drittel. Ihre Exzentrizität gegenüber dem Querschnittsschwerpunkte ist $f = 3,0 - 1,60 = 1,40$ m und somit $M = 150 \cdot 1,4 = 210$ t · m. Ferner ist W_y für die hier in Frage kommende senkrecht zur Kraftebene stehende Achse y:

$$W_y = \frac{2 \cdot 6,0^2}{6} = 12,0 \text{ m}^3. \qquad F = 12,0 \text{ qm}.$$

Aus diesen Werten folgen die Randspannungen:

$$\sigma_1 = -\frac{150}{12} - \frac{210}{12} = -\frac{360}{12} \text{ t/qm},$$

$$= -30 \text{ t/qm} = -3,0 \text{ kg/qcm},$$

$$\sigma_2 = \frac{-150 + 210}{12} = +\frac{60}{12} = +5,0 \text{ t/qcm} = 0,5 \text{ kg/qcm}.$$

Die mittlere Spannung σ_m im Schwerpunkt wird:

$$\sigma_m = \frac{150}{12} = 12{,}5 \ \text{t/qm} = 1{,}25 \ \text{kg/qcm}.$$

Mit Hilfe dieses Wertes ist auch das Spannungsdiagramm in Fig. 145 gezeichnet. Es liefert die Nullinie im Querschnitte. Die Lage dieser kann naturgemäß auch rechnerisch gefunden werden. Bezeichnet man die Abstände der Nullinie von den beiden Querschnittsrändern (Fig. 145) mit r und t, so wird:

$$r : t = \sigma_1 : \sigma_2 = 3{,}0 : 0{,}5; \quad r + t = 6{,}0; \quad r = 6{,}0 - t,$$

$$6{,}0 - t : t = 3{,}0 : 0{,}5 = 6{,}0;$$

$$6{,}0 - t = 6{,}0 \cdot t; \quad 7\,t = 6{,}0; \quad t = 0{,}86 \ \text{m}$$

und demgemäß $r = 5{,}14$ m. Nunmehr kann man auch nach der Gleichung

$$\sigma_{\max} = \frac{N \cdot z}{S_n}$$

die größte Randspannung für den Fall berechnen, daß die Zugzone nicht berücksichtigt wird, also die Druckzone allein die gesamte Kraft aufnimmt. Hier ist $z = 5{,}14$ m.

$$S_n = \frac{5{,}14^2 \cdot 2{,}0}{2} = 26{,}42 \ \text{m}^3, \qquad N = 150 \ \text{t},$$

$$\sigma_{\max} = \frac{150 \cdot 5{,}14}{26{,}42} = \frac{150}{5{,}14} = 29{,}3 \ \text{t/qm} = 2{,}93 \ \text{kg/qcm}[1]).$$

Für die Spannung in der Erdfuge darf nur die 3 fache Außenexzentrizität für die wirksame Fläche in Rechnung gestellt werden, d. h. $b_0 = 3 \cdot 1{,}60 = 4{,}80$ m. Demgemäß wird (vgl. S. **125**):

$$\sigma_m = \frac{150}{4{,}80 \cdot 2{,}0} = \frac{150}{9{,}6} = \text{rd. } 15{,}6 \ \text{t/qm} = 1{,}56 \ \text{kg/qcm}$$

---

[1]) Man könnte — einfacher — auch folgendermaßen rechnen: da

$$S_n = \frac{z^2 \, b}{2}$$

ist, so wird:

$$\sigma_{\max} = \frac{N \cdot z}{\dfrac{z^2 \, b}{2}} = \frac{2\,N}{z\,b},$$

also vorliegend:

$$\sigma_{\max} = \frac{2 \cdot 150}{5{,}14 \cdot 2} = 29{,}3 \ \text{t/qm}.$$

Es mag verwundern, daß jetzt die Randspannung geringer wird als bei Heranziehung der Zugfläche: $(2{,}93 < 3{,}0 \ \text{kg/qcm})$. Es findet das seine Erklärung darin, daß bei Ausschaltung der Zugzone die Exzentrizität des Kraftangriffes verhältnismäßig geringer wird.

und somit: $\sigma_{max} = 2\,\sigma_m = 3{,}02$ kg/qcm < 4 kg/qcm, wie höchstens gestattet war.

Das entsprechende Diagramm ist in Fig. 145 dargestellt.

6. Ein normal gebauter Fabrikschornstein von 36,0 m Höhe (Fig. 146) hat einen äußeren oberen Halbmesser von 0,9 m, einen unteren von 1,50 m und hier einen inneren Radius von 1,05 m, sowie einen Querschnitt von rd. 3,6 qm. Das Eigengewicht des Schornsteins betrage 150 t, der für eine mittlere Stärke berechnete wagerechte Winddruck $H = 8{,}0$ t. Das Moment infolge des Winddruckes ist

$$M = 8{,}0 \cdot \frac{36}{2} = 144\,\text{t} \cdot \text{m}.$$

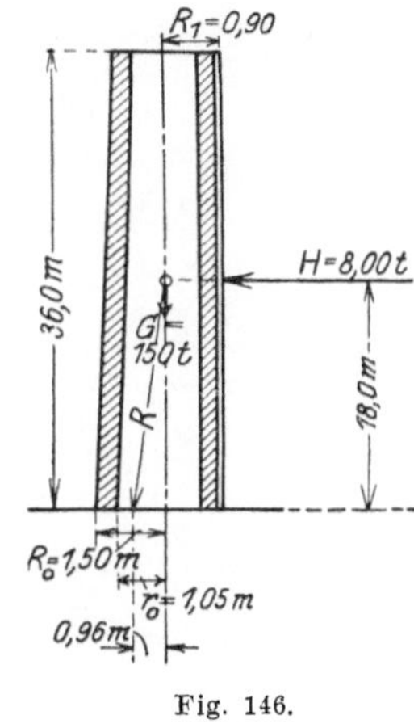

Fig. 146.

Das Widerstandsmoment des Querschnitts berechnet sich zu:

$$W = \frac{(R^4 - r^4)\,\pi}{4\,R} = \frac{1{,}50^4 - 1{,}05^4}{4 \cdot 1{,}50} \cdot 3{,}14$$

$$= \frac{5{,}0625 - 1{,}217}{4 \cdot 1{,}50} \cdot 3{,}14$$

$$= \frac{3{,}8455}{6{,}0} \cdot 3{,}14 = 2{,}013\ \text{m}^3.$$

Nunmehr lassen sich auch die Randspannungen bilden:

$$\sigma_1 = -\frac{N}{F} - \frac{M}{W} = -\frac{150}{3{,}6} - \frac{144}{2{,}013} = \text{rd.}\ -41{,}6 - 71{,}7 = -113{,}3\ \text{t/qm},$$

$$= -11{,}3\ \textbf{kg/qcm},$$

$$\sigma_2 = -41{,}6 + 71{,}3 = +29{,}7\ \text{t/qm} = +2{,}97\ \textbf{kg/qcm}.$$

Beide Spannungen sind durchaus zulässig. Da sowohl Druck- wie Zugspannungen auftreten, ist ersichtlich, daß die Mittelkraft aus N und H die Grundfläche außerhalb des Kerns schneidet[1]). Erhält der Schornstein ein im Grundrisse quadratisch geformtes Fundament, so sind nach Auffindung der auf dieses wirkenden Mittelkraft und ihres Angriffspunktes (am besten auf graphischem Wege) die Randspannungen im Fundamentkörper und die größte Pressung des Baugrundes unter der nach der Mittelkraft zu gelegenen Kante auf genau dieselbe Art zu bestimmen, wie es in Beispiel 5 vorstehend ausführlich erläutert worden ist.

----

[1]) Der Kerndurchmesser ergibt sich hier zu:

$$k \cdot R = \frac{J}{F}, \quad k = \frac{J}{R \cdot F} = \frac{W}{F} = \frac{2{,}013}{3{,}6} = \text{rd.}\ 0{,}56\ \text{m}.$$

Da die Exzentrizität der Mittelkraft 0,96 m ist, so tritt letztere mithin aus dem Kern.

Repetitorium für den Hochbau. Herausgegeben für den Gebrauch an Technischen Hochschulen und in der Praxis von Dr.-Ing. E. h. **Max Foerster,** Geheimer Hofrat, ord. Professor für Bauingenieurwissenschaften an der Technischen Hochschule Dresden.

> Heft 2: **Statik der Hochbaukonstruktionen.** Mit etwa 160 Abbildungen.
> Erscheint im Oktober 1919
>
> Heft 3: **Grundzüge des Eisenhochbaues.** Mit zahlreichen Textabbildungen.
> Erscheint Ende 1919

Taschenbuch für Bauingenieure. Unter Mitarbeit hervorragender Fachleute herausgegeben von Dr.-Ing. E. h. **Max Foerster,** Geheimer Hofrat, ord. Professor für Bauingenieurwesen an der Technischen Hochschule Dresden. Dritte, verbesserte und erweiterte Auflage. Mit etwa 3000 Textabbildungen. In zwei Teilen. Unter der Presse

Die Grundzüge des Eisenbetonbaues. Von **M. Foerster,** Geheimer Hofrat, ord. Professor an der Technischen Hochschule Dresden. Mit 164 Textabbildungen. Gebunden Preis M. 18.—

Anleitung zur statischen Berechnung von Eisenkonstruktionen im Hochbau. Von Ingenieur **H. Schloesser.** Dritte, verbesserte Auflage, bearbeitet und herausgegeben von **W. Will,** Ingenieur. Mit 160 in den Text gedruckten Abbildungen, einer Beilage und einem Bauplan. Gebunden Preis M. 7.—

Der Bauingenieur in der Praxis. Eine Einführung in die wirtschaftlichen und praktischen Aufgaben der Bauingenieure. Von **Th. Janssen,** Reg.-Baumeister a. D., Privatdozent an der Technischen Hochschule zu Berlin. Preis M. 6.—; gebunden M. 6.80

Die Eisenkonstruktionen. Ein Lehrbuch für Schule und Zeichentisch nebst einem Anhang mit Zahlentafeln zum Gebrauch beim Berechnen und Entwerfen eiserner Bauwerke. Von Dipl.-Ing. Professor **L. Geusen,** Oberlehrer in Dortmund. Zweite, verbesserte Auflage. Mit 505 Abbildungen im Text und auf 2 farbigen Tafeln. Gebunden Preis M. 18.—

Handbuch der Holzkonstruktionen des Zimmermanns mit besonderer Berücksichtigung des Hochbaus. Ein Nachschlage- und Unterrichtswerk für ausführende Architekten, Zimmermeister und Studierende der Baukunst und des Bauhandwerks. Von **Th. Böhm,** Geheimer Hofrat und Professor für Baukonstruktionslehre an der Technischen Hochschule Dresden. Mit 1056 Textabbildungen. Gebunden Preis M. 22.—

Widerstandsmomente, Trägheitsmomente und Gewichte von Blechträgern nebst numerisch geordneter Zusammenstellung der Widerstandsmomente von 59 bis 113930, zahlreichen Berechnungsbeispielen und Hilfstafeln. Von **B. Böhm**, Gewerberat in Bromberg, und **E. John**, Regierungs- und Baurat in Essen. Zweite, verbesserte und vermehrte Auflage. Gebunden Preis M. 12.—

Eisen im Hochbau. Ein Taschenbuch mit Zeichnungen, Zusammenstellungen und Angaben über die Verwendung von Eisen im Hochbau. Herausgegeben vom Stahlwerks-Verband A.-G., Düsseldorf. Fünfte, völlig neubearbeitete und erweiterte Auflage. Preis etwa M. 12.—

Einführung in die energetische Baustatik. Einiges über die physikalischen Grundlagen der energetischen Festigkeitslehre. Von **Carl Kriemler**, Professor der technischen Mechanik an der Technischen Hochschule zu Stuttgart. Mit 18 Textabbildungen. Preis M. 2.40

Technische Mechanik. Ein Lehrbuch der Statik und Dynamik für Maschinen- und Bauingenieure. Von **Ed. Autenrieth**. Zweite Auflage. Neubearbeitet von Prof. Dr.-Ing. **Max Enßlin**. Mit 297 Textabbildungen. Unveränderter Neudruck. Gebunden Preis M. 26.—

Aufgaben aus der technischen Mechanik. Von Professor **Ferd. Wittenbauer**, Graz.

    I. Band: **Allgemeiner Teil.** 843 Aufgaben nebst Lösungen. Vierte, vermehrte und verbesserte Auflage. Mit 627 Textabbildungen. Gebunden Preis M. 14.—

    II. Band: **Festigkeitslehre.** 611 Aufgaben nebst Lösungen und einer Formelsammlung. Dritte, verbesserte Auflage. Mit 505 Textabbildungen. Gebunden Preis M. 12.—

    III. Band: **Flüssigkeiten und Gase.** 586 Aufgaben nebst Lösungen und einer Formelsammlung. Zweite, verbesserte Auflage. Mit 396 Textabbildungen. Preis M. 9.—; gebunden M. 10.20

Ingenieur-Mechanik. Lehrbuch der technischen Mechanik in vorwiegend graphischer Behandlung von Dr.-Ing. Dr. phil. **Heinz Egerer**, Diplom-Ingenieur, vormals Professor für Ingenieur-Mechanik und Materialprüfung an der Technischen Hochschule Drontheim.

    I. Band: **Graphische Statik starrer Körper.** Mit 624 Textabbildungen, sowie 238 Beispielen nnd 145 vollständig gelösten Aufgaben. Preis M. 14.—; gebunden M. 16.—

Lehrbuch der technischen Mechanik. Von Prof. **M. Grübler**, Dresden.

    I. Band: **Bewegungslehre.** Mit 124 Textabbildungen. Preis M. 8.—

    II. Band: **Die Statik der starren Körper.** Mit etwa 225 Textabbildungen. In Vorbereitung

Elastizität und Festigkeit. Die für die Technik wichtigsten Sätze und deren erfahrungsmäßige Grundlage. Von Dr.-Ing. **C. Bach**, Staatsrat, Professor des Maschinenbauwesens, Vorstand des Ingenieurlaboratoriums und der Materialprüfungsanstalt an der Technischen Hochschule Stuttgart. Unter Mitwirkung von Professor **R. Baumann**, Stellvertreter des Vorstandes der Materialprüfungsanstalt an der Technischen Hochschule zu Stuttgart. Achte Auflage. Mit in den Text gedruckten Abbildungen und Tafeln. In Vorbereitung

Hierzu Teuerungszuschläge